这世界上一定有人过着你想要的生活

文雅 著

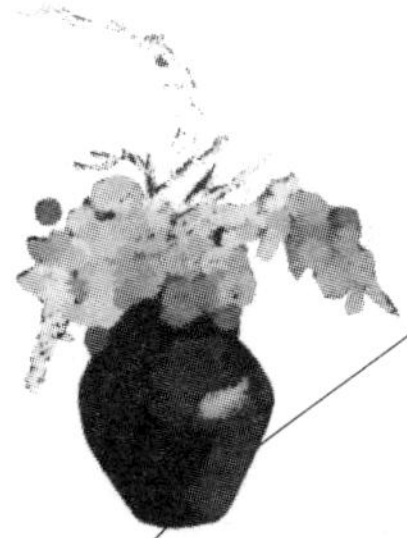

台海出版社

图书在版编目（CIP）数据

这世界上一定有人过着你想要的生活 / 文雅著. —北京：台海出版社，2018.6

ISBN 978-7-5168-1904-3

Ⅰ.①这… Ⅱ.①文… Ⅲ.①成功心理–通俗读物 Ⅳ.①B848.4-49

中国版本图书馆CIP数据核字（2018）第085149号

这世界上一定有人过着你想要的生活

著　　者：文　雅

责任编辑：高惠娟　贾凤华　　　装帧设计：仙　境

版式设计：曹　宝　　　责任印制：蔡　旭

出版发行：台海出版社

地　　址：北京市东城区景山东街20号　邮政编码：100009

电　　话：010-64041652（发行，邮购）

传　　真：010-84045799（总编室）

网　　址：www.taimeng.org.cn/thcbs/default.htm

E-mail：thcbs@126.com

经　　销：全国各地新华书店

印　　刷：玉田县昊达印刷有限公司

本书如有破损、缺页、装订错误，请与本社联系调换

开　　本：880mm×1230mm　1/32

字　　数：185千字　　印　　张：7.5

版　　次：2018年7月第1版　　印　　次：2018年7月第1次印刷

书　　号：ISBN 978-7-5168-1904-3

定　　价：39.80元

前　言

好的生活，坏的生活，富裕的生活，贫穷的生活。生活始终没有变，变化的是生活的修饰语。

到底该用什么词汇来修饰生活？到底该如何去过自己的生活？能找到答案的只有我们自己。

厌倦了朝九晚五的地铁公交，过够了尔虞我诈的职场生活，这些都不是自己想要的生活，想要抛弃眼前的一切，寻找真正属于自己的生活。

这是大多数人的心态，不满足于现在的生活状态，想要寻找别样的生活。但别样的生活在哪里呢？别样的生活又是什么样子的呢？这也正是大多数人的困惑。

很多时候，困惑是没有用的，在这个世界上一定有人正在过你想要的生活。在你看来那个遥不可及、如梦幻泡影一般的生活，在别人的眼中确实真真切切地存在，这一点不用质疑，因为他们正在过着你想要的生活。

别人正在过着自己想要的生活？没错，这就是我们需要面对的现实，我们想要的生活是存在的，无论是多么美妙、多么梦幻的生活都是存在的，只不过这种存在是别人的。

既然存在，我们就可以去过自己想过的生活，不需要从别人手中抢夺，需要的只是学习别人的方法。找不到自己想要的生活的人，并不是缺少寻找的能力，更多是缺少行动的勇气。他们只是缺少找寻所向往生活的勇气，不敢去行动，所以一直找不到自己想要的生活。

你是这样的人吗？如果你也对自己眼前的生活存有不满，如果你也在寻找自己想要的生活。那你可能需要这本书，虽然它并不能将真真切切的完美生活呈现在你眼前，但它会带你一点一点接近自己想要的生活。

书中所记述的别人的生活，或许是你想要的生活，或许你想要过比书中人更好的生活。那么你可以在这本书中找到对应的方法。生活需要方法，每个人都有自己的生活之法，好坏损益都取决于方法是否得当。

没有哪一种方法可以直接抵达理想生活的彼岸，只有不断尝试新的方法，不断掌握新的技能，我们才能更靠近理想的生活。因为掌握到了足够多的方法和技巧，所以别人过上了我们想要的生活，而我们却还在茫茫的大海中挣扎，可能是方法不对，也可能是技巧不足。

人生就是一个不断探索的过程，探索到最后，我们才能认出生活的一个大致模样。有的人早早将生活过出了样子，有的人已然白头却仍然在不断探索。这两类人都很好，都拥有认真探索生活的态度。

最差劲的人生就是不去探索的人生，这样的人也不会有像样的生活。他们认为自己想象的生活虚无缥缈，因此也就缺乏为之行动和探索的勇气，导致他们所想象的生活更加虚无缥缈。

哲学家们常说物质决定意识，而意识又是物质的反映。生活也是一样，即使是我们所想象的梦幻生活，其在现实世界也是存在的。可能在我们目之所及的地方没有见到它们的身影，但在不远的或是较远的地方，它们一定是存在的。

在这个世界上一定有人在过着你想要的生活，去问问他们，去学习一些方法，去掌握一些技巧，你也能够过上自己想要的生活。一个人，只有先找到自己想要的生活是什么样的，才能朝着那个目标努力，才能真正过上自己想要的生活。

看到别人在过自己想要的生活，我们或许能从中得到一股相携相伴的力量，或许能从中找到真正的自己，或许能够激励自己不轻易放弃。

总之，要记住：你今天得到的成就是你昨天努力的结果，你明天想要的生活也取决于你今天的努力和进取！与其躲在角落羡慕和嫉妒别人过上了你想要的生活，还不如趁早开始为自己想要的生活而努力、拼搏！

目 录

Part 1
当我和世界初相见，当我曾经是少年

Part 2
生活也许不可爱，但是你很可爱

Part 3

为了你想要的就讨好自己吧

Part 4

有些“南墙”请你走近看

Part 5

不为难自己，也想不被为难

Part 6
幸好，我们的人生尚未尘埃落定

Part 7

生活从来都是靠自己成全

Part 1

当我和世界初相见，当我曾经是少年

曾经的梦想可曾散落天涯 »

我的朋友落落，一直都是我心中勇敢者的代表。2007 年是他工作的第一年，那年北京的房价大约是每平方米一万块。想买个地段不错的房子，首付大概只需四五十万。

为了买房，落落鼓足了勇气，打算去找他妈妈借一笔钱。

他说："本来我已经盘算好了，以后上班每个月还给她。但是万万没想到，我妈直接拒绝了我。"

落落至今还记得被母亲回绝的场景："我没钱借给你，你想要有自己的房子就自己去拼。"

时至今日，落落已经找到了一份月薪比当初多好几倍的工作，手头的存款也相当丰厚了。当初的四五十万，对于现在的他来说，也不再是一个天文数字。

可让落落失望的是，北京的房价比他工资飙得更高。涨到如今这个局面，已经让他无力承担高额的首付了，落落引以为傲的存款也几乎没了用武之地。

落落对我说，他跟女朋友求过几次婚，但女朋友就是不答应，只因为没有房子，让她觉得没有安全感。用他女朋友的话说："没有房子的话，即便是有彩礼、有钻戒、有车，我也是不敢嫁给你的。"

他女朋友家里不止一次暗示过他"你的家底太薄了"。落落对此也表示理解，谁也不想让自己的女儿因为没有房子住而吃苦。有时候，他在女朋友面前会抬不起头。除了拼，他没有别的选择。

一起吃饭的时候，落落喝了不少酒，话也越来越多。刚工作的时候，他没有经济能力，最大的梦想就是有一套自己的小房子。他听了父母的话，去拼搏，去努力，给自己"造梦"。可时至今日，他还是连房子的首付都拿不出来。

"你要放弃吗？"我问道。

他狠狠握了握拳头："放弃？怎么可能？"

年近三十的落落，辞掉了原本还算安逸的工作，跑到北京东城区一家保险公司做保险员。毫无经验，也没多少人脉的他，就这样销声匿迹在我的生活里。

我身边有很多像他一样的人，他们都以为奋力奔跑，就能让梦想触手可及。可当自己努力奔跑、挥汗如雨时，梦想却只是看起来触手可及，当我们想停下喘口气时，梦想就会变得遥不可及。

不少人的梦想是出人头地，但好像不管怎样努力，梦想也只会用高高在上的姿态，看着我们汗流浃背的狼狈样。于是有很多人在奔跑之后，变得迷茫，变得颓废，甚至有更多的人直接将梦想扔到一边，任其散落天涯。

难道我们曾经的梦想都会散落天涯吗？难倒想要让跌宕起伏的人

生演绎出一场绝地反击的故事，就那么困难吗？

一别数年，再次偶遇落落，是在一片高档小区的门口。他那台老凯越，不知从什么时候换成了路虎。落落一边打电话，一边叫我一起吃个晚饭。

饭桌上，我发现他没有以前那么爱说话了。落落笑得有些疲惫："白天跟客户说得太多，晚上反而不想说话了。"

落落说："我之前一直想当个老师。可没办法，我其实也没想到，自己会选卖保险这条路。好在这几年的努力，还算是没有白费。你呢？你的梦想是什么？"

我被落落问得有些语塞。

如果在多年之前，有人问我"你的梦想是什么？"，我可以对他大谈特谈，吐沫横飞。现如今，有人问我"你的梦想还好吗？"，我大概只能保持沉默。

因为不知道什么时候，也不知在什么地方，我的梦想就这样散落了，散落在了岁月的长河中，随着时间的流逝梦想也随之流走了。

大多数人的人生轨迹都是这样的吧，每当站在人生的岔路口时，考试、就业和婚恋等的选择都让我们产生一种不知所措的感觉。

曾经二十岁以前的梦想很纯粹：考上大学。在大学毕业离开了象牙塔之后，站在人生的路口，对于梦想却不敢提及，也不知怎样提及。

落落笑着说："最后，我们还是向生活低头了。"

我摇摇头："不是向生活低头，只是我们选择了另一个梦想。"

其实，无论你在晨曦微明的清晨，还是在静谧独处的黄昏，停下匆匆的脚步问问自己：你现在还敢不敢满怀激情地谈论那些早已散落在岁月中的梦想？还能不能描绘出梦想的模样，嗅到梦想的芬芳？还有没有勇气以梦为马触摸遥远的梦想？

我知道，有人会很坚定地说“YES”；也有人考虑许久，却没有勇气承认自己早已把曾经的梦想遗忘，说声“NO”。大部分人都在生活中丧失了与梦想促膝长谈的心灵絮语。

有人因为放弃梦想郁郁寡欢，有人因为坚持梦想倾家荡产。

落落说：“我有了自己的房子，存款也不拖北京城的后腿了，女朋友家里也同意我俩结婚了。可总有个念头在我脑子里，我觉得当初自己选错了。过年过节回家，我妈都不好意思跟亲戚说我是卖保险的。”

我看着衣着光鲜但一脸疲惫的落落，说道：“如果你还在学校里三点一线，可能到现在都付不起首付。你的女朋友可能会迫于家里的

压力跟你分手。教书育人确实高尚，但谁说卖保险就是错？”

落落说：“虽然我不知道自己是不是选错了路，但如果重新来过，我还是会选择保险。卖保险不是我的梦想，但有钱是我的梦想。我是个俗人，只想让我和家里人过得好。”

我笑着说：“虽然你教书育人的梦想没能实现，但有钱的梦想实现了。谁规定的梦想只能有一个？”

梦想从来都不会在时光中蹉跎变老，不断衰败的只有我们的勇气。这与年龄无关，与执着有关。世间大路千万条，总有一条能通向你喜欢的生活。怀揣梦想大步向前吧，就算选错了，也会遇上美好的风景。

不要后悔，不要迷茫，最好的状态是在路上。不要让你的梦想就这样散落天涯。

你总说得不到的都是好的 »

小时候，我经常对别人的玩具艳羡不已。还记得当时有款新出的厨房芭比，有不少小朋友都买了一套，我也跟风想要，缠着爸妈非要买一套。

没料想，一哭二闹三打滚后，爸妈还是没有妥协，反而用看表演的眼神看着我。哭闹无效后，我只能收起那股羡慕劲儿，重新抱起我有些旧的熊娃娃，玩起了过家家。

那时候，我就盼着快点儿长大。只要我工作了、赚钱了，我就能买得起那套厨房芭比。不止是厨房芭比，浴室芭比、衣橱芭比我都要买回家。

当然，长大后的我，已经对这种小女生的玩具失去了兴趣。可每当路过橱窗，看到展示柜里的芭比娃娃时，我就能想到当时的那种“无力感”。

我想，如果真的存在平行世界，那边的我应该会过得像个小公主吧？

有人说：你学会了克制，学会了比较，这或许是上天对你的另一种补偿。我何尝不知道？但童年那个“厨房芭比”，我却是再也得不到了。

前一阵子，小学同学搞了个聚会，同桌小夕也来参加了。在我们班里，她可是出了名的精打细算。

当时，我们每天都有五角的零花钱，享乐主义的我拿到钱后，立马就会买一支清凉解渴的棒棒冰，而小夕却忍着烈日骄阳，把五毛钱存进当时流行的“零存整取”里。

父母辈的都夸赞，说小夕以后肯定有出息。

只有我们能看见，小夕盯着棒棒冰时眼睛里迸发的渴望。

有同学打趣小夕：“你卡上存多少钱了？”

小夕略显尴尬地说：“从小学到大学，一共存了两百块，大一的时候烫了个头发，一分钱都没剩下。”

当然，现在的小夕能买得起一房间的棒棒冰，但她自己也知道，任何一款棒棒冰，都弥补不了她当时的渴望。

小夕不知道，其实我是羡慕她的。她那张卡，就像是身份的象征。

我选择了棒棒冰，一边咂摸着嘴里的滋味，一边羡慕着她被表扬；她选择了存钱，一边接受着大家的赞美，一边幻想着棒棒冰的清凉口感。

得不到的总是最好的。可谁说我们选择的，就不是别人羡慕的呢？

参加工作后，我在人力资源部和资料室之间犹豫了好久。抱着

“趁年轻拼一把”的心态，我放弃了资料室里安逸的生活。

每当抱着一摞资料匆匆走过资料室门口，我就对里面的“退休生活”无比艳羡。

跟我同期进单位的妹子，正在慢条斯理地剥一颗橘子，她剥得很仔细，每一瓣橘子上的橘络都要轻轻撕掉，然后再呷一口茶……

我在窗外羡慕得发狂，资料室狭长的走廊，我走完只需要妹子一口茶的时间。

无数个失眠的夜晚，我都会看着镜子里顶着黑眼圈的自己问：“选择人力资源部，你是不是傻？”

但是月中发工资的时候，可观的工资就能让我乐得忘乎所以，我开始庆幸自己没有选择资料室，于是买了一大兜橘子，好好庆祝了一番。

现如今，我路过资料室的步子不再匆匆，而跟我同期的妹子，每次抬眼看到我，都会热情地打个招呼。我想，或许她也有无数个夜晚，后悔自己当初选择安逸，幻想当初去人力资源部的员工不是我，而是她。

最好的并不是得不到的，而是别人已经得到，你却尚未得到的。

我有位学设计的朋友，她在北京开了一家甜品店，专门做各种奇特的甜点。她本人对甜品一点儿兴趣都没有，可她家的甜品却火到一发不可收拾，三年内开了七八家分店。

我特别羡慕这样的生活，轻松还赚钱，就像她常说的“我一点儿都没操心，就让面包师把我画出来的东西，做得好吃一点儿，没想到会这么火”。

她说，她最开始是想当个考古学家的，可是家里一直不同意，说小姑娘不要干这个，就守在家里挺好。拗不过父母的她只能“出此下策”，倒是把甜品店搞得风生水起。

我咬了咬牙，还是没有她这样的魄力，我也有这样的自知之明：我做不到她那么好。于是，我只能对求之不得的生活画下一个句号。

人生路很长，但如果走错了，也会捶胸顿足，嗟然叹息。

要知道，最好的不一定是最适合你的，而最合适的才是最好的。就像一句老话说得一样——“鞋子合适不合适，只有脚知道。”

每个人都有自己的个性，也都有各自的理想和成长轨迹。当你选中一条路，就说明这条路是最合适的，是你能掌控的，也是你愿意为之付出努力的。只有这样，你才能在这条路上有所作为，才会有好的心情和美的追求。

环境与素质的不同，就意味着每个人的人生都是不可复制的。即便是成功人士的方法论，也要选择适合自己的来走，这样才不至于闹出“东施效颦”的洋相。

有时候，我们因为冲动、志气或者虚荣，强迫自己做一些超出负荷的事情。实践过后，当你不舒服、不自在的时候，就会后悔和感叹：“遇事不可强求，适合才是最好。”

你总说，得不到的才是最好的。其实，适合你的才是最好的。选一条最适合自己的路，然后坚持走下去，就行了。

不能自控，谈何自由？ »

我跟朋友看过一个电影叫《头脑特工队》，说的是莱莉自身被快乐、恐惧、愤怒、厌恶和悲伤五种重要的情绪所支配。这五个情绪都居住在莱莉大脑里的控制中心，她要自己在大脑中控制情绪，使她的生活可以自由顺利地进行。

刚搬到旧金山不久的她需要适应全新的环境，但是她控制不了自己的情绪，于是混乱渐渐在她的大脑里滋生。此后她就被这些情绪所牵绊，失去了自己的自由。

电影其实说的就是莱莉没有自我控制情绪的能力，使得她并不能像其他人一样自由快乐地生活，而是受情绪的支配失去了自由。

生活中总有不少人抱怨说自己失去了自由，自己根本就没有自由。想想看，如果一个人连最基本的自控能力都没有，那么又拿什么条件谈自由呢？

“自由到底是什么？”我试着不断地询问自己，并且去寻找各种可能的答案。可每次都是事与愿违，这似乎是个没有答案的问题。

但不难发现的是：我们对于自由的渴求总是伴随着某种程度的自我控制而产生的。自由就是对自己的约束。

在我们自己的世界里，过着自己想要过的生活，而自我约束意味你将成为某一个设定好的人物“角色”，并需要为此而默默坚守信念。

不管是一天、一个月，还是一整年，都要控制自己，坚持将每一件事情做到最好，并试着从中体会人生的喜怒哀乐，我想这大概就是我们向往的自由吧。

能够自己约束自己并且控制自己的人，专心做事，他们是自己的主人，可以进入自由的世界；不能约束控制自己的人，会泛滥百事，一事无成，最后只能成为命运的奴隶，落个身不由己、万般无奈的可悲结局。

好友夏楠前一年很想戒烟，后来他在戒烟成功后跟我的一次偶遇中，分享了他戒烟的经历：“当我第一时间意识到自己有想吸烟的冲动的时候，比如想在饭后吸烟，那我会在饭后主动地用新的习惯替换。”

比如之前，他吃完午餐就会吸烟，而现在他吃完午餐会喝一杯果汁或者酸奶，或者吃一个水果，用这些来替换掉之前的那个吸烟的习惯。

当他这股吸烟的冲动再袭击他的时候，他就开始不断地警示自己并且不断在心里给自己警告：如果这次失败了，明天将很有可能继续吸烟，而长期吸烟有可能会给自己造成疾病，也会给家里人的健康带来威胁。

他自己有了这些警示以后，他跟我说他给那些冲动取了一个名字叫“烟鬼”。当他再次有想吸烟的强烈的冲动的时候，他自己会在心中叫出这个名字，这样能让自己意识到它们的存在，唤醒明智的自己，唤醒他自身的意志力。

夏楠说，这个时候自己也就打消了吸烟的念头了。时间久了，他自己便就能控制了，自然而然地使香烟远离了自己，摆脱了“烟鬼”的控制，从而获得了自由。

当我们在程式化的生活状态和工作压力下，想必大多数人都很容易产生渴望轻松、渴望放纵、渴望自由的想法吧？而且是一种异常强烈的愿望。

在我还处在青春期时，我极度渴望自己在暑假能摆脱父母的“魔爪”，能拥有自己的自由的生活。于是我自己租下了一个房子，满怀欣喜地体验父母不在身边的自由逍遥的日子。

我觉得这简直是天底下最幸福的一件事情，我可以开始“一个人”的生活。

慢慢我发现，当我真正摆脱了父母，一个人再也不受他们的控制在外面生活的时候，再也听不到他们的碎碎念和叨叨的时候，我自己的控制力仿佛也随之丧失了。

我开始颓废糜烂，开始放纵自己，开始懒惰。从开始的起床不叠被子到后来的几天不收拾屋子，从开始的自己做饭到后来的顿顿订餐，一个月下来，地板上堆满了垃圾，卫生间堆满了脏衣服，桌子上堆满了杂七杂八的化妆品。厨房堆满了外卖的一次性餐盒。

当我怕面对满屋狼藉的时候，我才意识到，原来自由没有我们想象的那么美好，于是我开始怀念家的温暖了，开始渴望爸妈对我的所谓的控制了，开始怀念爸妈做的可口的饭菜了，也同样怀念那时候的我了。

于是我退掉了出租屋，回到了久违的家。那时候，所谓的“自由”也随之抛在脑后了。

我体会到原来“自控”两个字真的那么重要，稍微一个不留神让这两个字离开你的世界，你的世界就会变得一团糟。所谓的自由，也就不是那么美好了。想要追寻自由，那么先学会“自控”吧。学会了控制自己，渴望的自由便会随之而来。

人人都曾有过伟大的梦想吧，梦想着过自由且无忧无虑的生活。但绝大多数人穷其一生，最终还是不能将梦想变为现实。究其原因，在很大程度上，还是因为没有学会自知自制，没有做到自我约束和自我控制。

人的一生，精力和时间毕竟是很有限的，只有专注如一，将力量集中于一点上，方可在某一个未知领域取得成就，也就是说自由是在学会自我控制的前提之下产生的。

你想要的生活，只有你懂 »

年前，朋友跟我讲了这样一件事：她朋友因为要照顾生病的母亲不能外出工作，于是就在家乡的村庄里开了一个小酒馆，生意勉强还说得过去。

每天晚上，他都从喧嚣的小镇上开着二手的车，载着放学的孩子回家。我朋友感觉他的生活还蛮不错的，毕竟比那些东奔西走、居无定所的人们强得多。

他却对我朋友说："我可不这么认为，早年在外边工作，虽然辛苦了点儿，但毕竟还有一些应该有的娱乐活动，所以生活并不是那么枯燥乏味。但是现在的生活虽然是说很稳定，但是其实总是被家庭的琐事牵绊住手脚，每天都在重复着一样的动作，循环往复，真的很无趣。"

原本，我朋友认为他会很想去一个大一点儿的城市，看看大城市中的灯红酒绿、纸醉金迷，看那夜晚开满霓虹灯的树，看看那川流不息不曾安静过的夜幕。他觉得，或许在露天的大排档前畅所欲言，才是他想要的生活的样子。

但是他却跟我朋友说："每个人都想要追求自己想要的生活，但是却不知道什么才是自己想要的生活，所以脑海里闪现出来一个大大的问号，总是在反复地问，到哪去才能寻找到自己想要的生活呢？"

这件事让我感触颇深，因为我身边有很多人，不惜穷其一生，只为了追求自己想要的生活，他们渴望感受生活的样子。

但其实，他们心中早就有了一座城，与其在不属于自己的城市中四处乱跑，看着自己的脚印被身后的脚印覆盖，每天忙于收拾自己那颗无处安放的心。倒不如先双手安放于心间，问问自己到底想要的是什么。

我大学老师曾说："哪里都有我们想要的生活，又哪里都没有。"

这不是一条人为的定论，仅仅是他对生活的自知和感受，但这句话却一直在我脑子里挥之不去。我一直在问自己："现在的生活，我过得快乐吗？如果不快乐，那是什么让我不快乐？怎么才能让我感到快乐？"

大学毕业后，我问梵梵打算去哪座城市工作。她毫不犹豫地回答"当然是我的家乡合肥呀。"

我问她："以你的能力，为什么非要回二线城市？留在北京，或者去上海发展不好吗？大城市发展空间大，工作机会也比二线城市多。"

梵梵一脸坏笑地告诉我："小城市的生活才多姿多彩呢，只是你们不知道，因为并没有去真正体验过小城市的生活，所以心中就没有概念。你们这些大城市的人可能看不上合肥，觉得合肥的经济不是特别发达，可我对合肥有独特的感情啊。”

梵梵每次讲到合肥，都变得滔滔不绝。她说，合肥有它独特的风景，有她熟悉的人，有她喜欢的生活。

她说：“这样的城市，才能让我看到想要的生活的样子。”

许久之后，我想起梵梵的话，才发现她之所以这么笃定地选择一座城市，是因为那里有她对未来生活的向往和期待。合肥就是她心里的城市，如果因为跟风选择“北上广”，也许她不会过得比现在快乐。

如今，我们选择去一个陌生的城市工作或生活，可能是因为一个人，可能是迫于生活的无奈，也可能只是把它幻想成未来生活的那个城市。

但不管哪一种可能，当你在一座城市中生活很长时间之后，你来这座城市的初衷就已经开始日渐模糊了。你开始不关心这座城市的运转，也不关心这座城市的人或者事。仿佛你生命的印记，早已在我们不经意间被刻入了这个图标的年轮之中。

所谓的不忘初心，都是在这样的模糊中被消磨掉了。当我们在所处的城市中找不到存在感时，大多都是因为我们将心中的那座城和脚下的这片土地进行对比。

对比过后，如果结果是令人满意的，我们大多不会选择离开；如果结果不如人意，我们心中对那座承载了我们期许的城市，会更加地向往和期待起来。

但是也有很多选择留下的人，在所生活的城市之中，欢笑过、悲伤过，也痛苦过，人生所有的跌宕起伏与心愿达成都在这里。工作的汗水和伤心时的泪水也滴在了这座城市之中，生活的愉快欢笑与艰辛折磨也落在了这座城市之中。

那时的我们身边时不时有三五好友相伴，大家聚在一起畅所欲言，每天无话不说，经常抽空相聚，然后我们又一起不断地去尝试认识新的朋友，身边的所爱之人始终陪伴在左右。

就这样，我们赋予了这座城市特殊的意义，因为我们想要的生活，就在切身所处的这座城市里。

是这座城市成全了我们心中的期盼吗？并不是，与其说成全，还不如说是我们自己创造了自己喜欢的城市。因这个城市而改变，因这个城市而成长，也或者可以说，是我们在与这个城市一起变化着，一起期盼着。

我希望，大多数人可以像梵梵一样，不论我们身处于哪个城市，都依然面带微笑地追寻自己想要的生活。

就像梵梵说的："每个城市并没有绝对的好坏，每个我们想要生活的城市都有自己的特色。"路是自己选的，你想要的生活，只有你自己能懂。

你想要的生活，到底是什么样子呢？

不好意思开口的梦想 »

小时候总被追问："你想搞科研还是开飞机？你想要锦旗还是想当老中医？"

我犹豫了一下，说我想开飞机。

"但我更想当个漫画家。"——当然，这句话我没有说，因为这只是我不好意思开口的梦想。

我把《漫友》《动感新势力》《动漫前线》等包上书皮，假装是课本看得津津有味。

我一边看，一边幻想，如果有一天，大家看的都是我画的漫画，感觉一定很爽。

高三，千军万马过独木桥。

我跟家里说："我想学美术。"

这个想法把爸妈吓了一跳，以为我只是心血来潮。妈妈说："你怎么突然想学美术了？还是正经考个大学好，毕业了就像你爸一样，在国企上班还稳定。"

我犹豫了一下，还是没有把梦想宣之于口。

上班之后，我偶尔也会画两笔，但已经与漫画家之梦渐行渐远了。对美术感兴趣的那段日子里，我知道了美国有个老人很出名，叫摩西奶奶。

摩西奶奶，听名字就知道不简单，她是美国著名的画家。在华盛顿国立女性艺术博物馆，曾举行过一场名为“摩西奶奶在二十世纪”的画展。该展览除展出摩西奶奶的作品外，还陈列了一些来自其他国家有关摩西奶奶的私人收藏品。

其中，有一张明信片，寄信人的署名为“春水上行”，这位写信的日本年轻人在明信片中说他自己从小就喜欢文学，很想从事写作，当个作家。

可是大学毕业后，迫于生活压力以及亲人的期望，他找了一份医院的工作，然心里却一直不喜欢这份工作，甚至感到厌恶。

眼看年近三十了，他不知该不该放弃这份收入稳定的工作，而从事自己喜欢的写作，他说他很迷茫。

摩西奶奶结合自己一百岁的人生阅历所得，回复了那个日本年轻人：“做你喜欢做的事，上帝会高兴地帮你打开成功之门，哪怕你现在已经八十岁了。”

因为摩西奶奶的这句话，这个日本年轻人开始追寻自己的写作梦，日本便诞生了一位伟大的作家——就是后来在日本乃至全世界都大名鼎鼎的作家渡边淳一。

我相信，很多人每天都忙忙碌碌，可面对梦想却很迷茫。因为他们不清楚自己要做真正喜欢的事情，还是做养家糊口的事。他们并没有一开始就追求梦想，他们只是随波逐流，按照别人对他的期望和要求生活。

对于渡边淳一来说，这个心底的召唤，就是他年少时那个隐藏在心中的不好意思开口的作家梦。

也有跟他相反的一部分人，对于这部分人来说，他们可以没有一切，却唯独不能丢了自己喜欢做的事情。当他们沉醉在自己喜欢的工作里时，时间对他们来说总是飞快的。

他们将精力全神贯注投入其中，不计功利，甚至不求一定会有好的结果。每每被旁人问及值不值当的时候，他们笑着说："人生本充满了不确定性，喜欢的事情让我感到快乐，在做它的过程中，我感觉整个生命都是充沛的。它能让我投入其中享受成功，感到兴奋。这样的体验本身就是我们实现梦想之后得到的收获，不是吗？既然我

们心中都装着一个梦想，那么为什么不去努力实现，让自己开心快乐呢？”

日常的往复，很容易让人产生一些对于时间的错觉，会认为一切都来得及，总会有时间开始做自己喜欢的事情。

我们总觉得自己的梦想兴许可以再缓缓，随着我们日益成熟，就不敢给自己设定时间期限了，因为在我们不断成长的同时，阻碍我们实现梦想的牵绊就越来越多。

在生活中有的人总是抱怨自己的梦想离自己太遥远，根本就不可能去实现它。总是觉得自身跟我们梦想成为的人差距太大。

那么，既然知道为什么不抓紧时间努力试着去做呢？既然心中有梦，那么就把那些不好意思开口的梦想大声地说出来吧，然后在我们人生有限的时间里去实现它。

勇敢地向前走，不要在意旁人的嘲笑和冷眼旁观，嘲笑又怎样？说出来怕被嘲笑的梦想才有实现的价值。想做就尝试着去做吧，努力去做就有可能会实现。

你为什么不敢跟别人说你的梦想，难道仅仅是因为你没有实现梦想吗？还是因为“梦想”一词真的那么老土，那么让人不齿？

你之所以不敢跟别人提及你的梦想，是因为你从来也没有为自己的梦想努力过；或者说，你从来没有为你的梦想开始行动。所以，你的梦想只是做梦的时候偶尔想想罢了。

很遗憾，我当初选择了后者。

如果我选择了美术，世界会多一个名声大噪的漫画家？还是多一个牢骚满腹、怀才不遇的青年？

可惜人生不能重来，我只能走我眼前的路。

我们常常感叹，诗和远方在哪里？却根本不愿意走出自己固有的舒适圈。

只希望平行世界中的我，能勇敢地追逐梦想，大声地告诉世界：漫画家，我当定了！

可以走得慢，但不要走得乱 »

人事部高管老赵，之前跟我分享过一个他亲身经历的事。

他到我们单位之前，曾在一个知名公司做文案策划。那时候的老赵还只是“小赵”，每天都忙得脚不沾地，工作让他身心俱疲。

一天，老板交给策划团队一个任务，让他们完成之后才能下班。这个任务是要给下周的新客户写策划书，为了下周的会议能顺利地进行，老赵所在的整个团队，都不得不加班应对这个突如其来的任务。

老赵说：“我当时真的完全没有想法，况且我一直都是同事眼中的‘慢半拍’。眼看其他人都陆陆续续地走了，我就开始着急了起来。”

老赵手忙脚乱，于是想出来一个“捷径”，他翻看了其他同事的文案找一些灵感，然后就把东西拼凑完成了。

事后的几天，他一直彻夜难眠，一直在为那天加班他寻求的那个“捷径”感到愧疚。他这才知道，原来弯路也是不好走的。

这个“捷径”一直都让老赵不安，而且，他一直都很后悔当时走的那条弯路："怎么能轻易地将别人的劳动成果拿来用呢？"老赵经常对我们这样说。于是他第二天找到了老板，重新递交了一份新的策划案。

虽然他现在已经升职了，但是始终都对那件事耿耿于怀，"捷径"真的不能乱走。无论遇到什么事，都不能让自己乱了阵脚。

人生亦是如此吧，就算眼前的路历经千险，也要老老实实一步一步慢慢地走下去，不要因为任何困难让自己乱了阵脚。路不好走就慢慢走，坎儿不好过就慢慢过，不要因为寻求"捷径"就乱了自己的脚步。

人生的路很长，宁可慢慢地走体会其中的酸甜苦辣、世态炎凉，也不要乱了自己的脚步。

错过的每一步都是遗憾，走错的每一步也会让这份遗憾加倍。所以，宁可走得很慢，也不要走得很乱。

跟我同期的资料室妹子，她很向往那些"上流社会"的生活方式。刚工作时，她几乎每月的工资都花在了名牌服饰和化妆品上。但是，妹子的经济状况并不具备"上流社会"的条件，而且她的自身条件也没有很出众。

即便这样，她还是竭尽全力，想要融进"上流社会"的圈子里。

在她陷入其中无法自拔时，我曾经劝过她：挤不进去的圈子，你就不要硬挤进去了，让自己那么累，又何苦呢？

可妹子不信，她坚信自己不但有公主病，而且有公主命。

结果显而易见。

妹子的努力，非但没有给她带来应有的回报，反而让她的生活越来越混乱。

她不甘心自己融不进“上流社会”的圈子里，也不甘心过工薪阶层的生活。为此，妹子在资料室里迷茫了很长一段时间。

后来，她攒了半年的积蓄，买到了一件可以出入高端商务会所的高级服装——可以说，努力在什么时候都不会辜负你——妹子在会所认识了一位闯荡世界各地、见多识广的商人，当场就为之倾倒。

“他还经常到国外参加商务会议呢！”午餐的时候，妹子跟我们欣喜地说道。

在他们开始交往之后的某天晚上，她第一次请我们吃饭。饭桌上，商人侃侃而谈，而妹子一直“双眼冒心”地注视着他。

妹子说：“这个人真是太厉害了，他居然有这么有趣的经历，他说的那些人和事我大多数都没有听说过。”

于是，妹子打算跟他一起到国外发展生意。我有一种“妹子被迷住了”的感觉，于是叫她先不要辞职，只请长假即可。妹子把辞呈押到我这儿，就意气风发地准备漂洋过海了。

我知道，她满脑子都是大洋彼岸的纸醉金迷，但这样局促的决定，大多不会有好结果。

不幸，我的预感被印证了。

这位商人不过是在海外打零工的普通人，没有独栋别墅，没有豪车游艇，甚至连稳定的公寓都没有。

妹子跟他辗转了半个月，终于忍不住跟商人分手了。

“原来他不是有钱人，他只会跟你‘画饼’。”妹子一脸哀怨。

我们安慰她，她却说：“失去爱情并不可拍，乱了生活的阵脚才可怕。”之后，她又在资料室里重新过上了“退休生活”。

对我们来说，人的这一生说长也不是很长，说短也不是很短，生活的意义不在于生命的长度，而在于深度。不管长度是多长，都要慢慢走，不论我们向往的是哪种生活，平凡的生活也好，奢侈的生活也罢，都不要让一时的冲动打乱了我们前进的步伐。

能不能遇见一个最适合自己的人？在什么时候遇到？在哪里遇到？能一起携手相伴到什么时候？这些都不是着急就能得到想要的答案的。

我们不能活得太梦幻，不要因为爱慕虚荣就盲目追寻，扰乱了生活的阵脚，不能因为追寻物质的生活就忘了我们生活的初衷和生活本身的意义。

当我们在物质与欲望的路口迷失的时候，我们不妨想一想，那样的生活真的充实吗？真的快乐吗？只有物质的爱情真的能幸福长久吗？真的是自己想要的吗？

天真并不是愚蠢，现实并不代表物质。通过自己的努力来达到你的另一半所要求的高度，是不是更让我们骄傲一些？

人生长路漫漫，不要急，人生的每一步，请你慢慢走。人生没有捷径，只有曲径通幽的羊肠小路，而且这征途漫漫也总是有很多会使我们行差踏错的诱惑。

请不要忘记，诱惑和迷茫都会让我们乱了阵脚。人生的道路可以走得很慢，也可以偶尔停留，但是千万不要乱了阵脚，不然很容易迷失了方向。

一个人活得像一支队伍 »

单身的那段时间，我真的很讨厌第二杯半价的活动。

那时候，我觉得这个活动对我有着独特的恶意。为什么非要两个人才能享受优惠，是看不起单身狗吗？我不由得腹诽道。

为了享受优惠，我叫上晔晔跟我一起去了咖啡馆。晔晔是我大学同学，毕了业，我们一起留在北京打拼。

她跟我说，像她一样离开父母，独自一人到北京奋斗的人都很孤单。倒不是因为找不到一个陪她一起享用“第二杯半价”的人，而是某一天，她猛然间抬起头时，却发现曾经一起同行的人已经渐行渐远了。

晔晔说：“就好像我生活在繁华的北京，这个灯红酒绿的都市，心却在无边无际的荒野，每天看着别人哭，看着别人笑，而自己却仿佛失去了这两种情绪的表达能力。仿佛一切热闹的事物都与我无关。”

晔晔租了一间窄小的出租屋，每天都是两点一线地机械生活。晔晔说，她如果不是肚子饿，可能永远也不愿睁开眼睛。她说，就算她趁着朦胧的阳光起个大早，下楼去路边摊买个早餐，吃完后却发现只能茫然地呆坐在餐桌边，把整个脑袋通透地翻一番，把手机整个通讯录找一遍都发现并不知道要找谁。然后继续倒头大睡，因为睡觉可以使时间变得更快一些。

我笑着说："你过得也太萎靡了。"

她笑着对我说："看我过的是多么稀薄的生活啊，谁跟我靠近恐怕都得有高原反应吧，这肯定是我多年都找不到男朋友的原因。"我也随之一笑。

人在长期的孤单中，是不是就像一个脱离了坐标的圆点？

有时候，你不知道自己思考的问题是否真的是个问题，你时常看不到自己的想法中那个旁人一眼就可以看出的巨大漏洞。你不知道什么是大，因为不能看到别人眼中的小，你不知道什么是白，因为不能看到别人眼里的黑。

总之你会担心，老这样一个人待着，会不会越待越傻。

我真的很难想象在没有人际关系的圈子里，晔晔是怎么存活的。

但梓梓却跟她完全不同，梓梓是最开始跟我俩合租的女生，梓梓是学旅游的，在北京一家旅行社当导游。她没有晔晔那样丰硕的才学，但却是晔晔最羡慕的对象。虽然晔晔从来没有承认过。

刚开始，梓梓和晔晔的境遇相当，但梓梓的生活却一点儿都不单调。在工作闲暇时，她会参加一些旅行爱好者的平台活动，一个人拉着旅行箱一脑袋扎进一个由各种陌生人组合在一起的自由旅行团。

有一次，梓梓一直想去的一个旅行地没有报上名，但是另外一个她没有参与过的旅行社有这个地点，于是她就报了名。想要趁着假期，自己也当回游客旅个行。但没想到，这居然是一个老年团。

但是，梓梓并没有因为“独特”的参与者身份而获得一段糟糕的旅行体验。相反地，她在那次旅行中玩得更加尽兴。她向那些老人学习拉二胡，和他们聊生活的经验和感悟，他们围着篝火一起唱着红歌……一个年轻人，在老年人的圈子中照样风生水起。

一个人，也要活得像一支队伍，要学会自己给自己的心“招兵买马”，遇到困难不气馁，遇到挫折不低头，在享受自由的同时活得更有召唤力。

就好像你站在路边，并不一定是在等待着某个人的出现，而是自己本身就已经具备了一种两个人的力量。

其实，真正的孤独并不存在，可能只是因为你一个人太过于清闲了，又或者你没有一个人生活下去的丰满的心罢了。

但是你也可以像梓梓一样，只要心不孤独，哪里都是繁华盛世。

你完全可以一个人去环境浪漫的西餐厅吃饭，一个人点一份情侣套餐，既实惠又能肆意吃到肚子撑着走出去；你完全可以一个人走进星巴克点两杯第二杯半价的咖啡，然后在咖啡厅里坐着喝一下午；你完全可以一个人去 KTV 然后撕扯喉咙发泄心中的不满，不用在意旁观者的眼光。

一个人，要像一支队伍，哪怕你注定一世孤独，哪怕你将来可能会老无所依，也要具备一个人前行的豪气。面对生活，不踌躇，不退后，不彷徨。一个人也要走得潇洒，走得有力，就这样昂首挺胸地走下去。任旁人的流言蜚语，任旁人的冷眼相待，我自潇洒红尘，策马扬鞭。

其实每个人生来都是无可选择的一个个体。不管家庭多美满幸福，朋友对自己多好，总有一件深埋在内心的事情不愿意与他人分享，于是就自己深埋于心，只能自己对自己诉说。

一个人也要像一支队伍一样活着。在这个队伍中，自己就是王者，自己统领着这支强大的队伍，让这支队伍坚强起来，勇敢起来。

你要知道，最坚强的人，不是看破红尘的人，恰恰是在宿命里挣扎的人。就如"大圣此去欲何，踏南天碎凌霄，若一去不回，便一去不回"一样。

是的，若一去不回，便一去不回。此心已动，此身已行。

一个人，也要活得要像一支队伍一样，活得要比两个人更加精彩，比三个人更有力量，比一群人更加热闹。

你的悲伤别大张旗鼓地让别人知道 »

优优是我在人力资源部的同事，她是个十分单纯的女孩。刚到单位就职时，整个部门的人都喜欢保护着她。我们经常听她那些恋爱时的伤痛经历，再给哭得梨花带雨的她递上一张纸巾。

那时，我就觉得优优像一张单纯的白纸，所以总对她充满了保护欲。

当然，对于单纯的事物，人总会有两方面的极端：一种是保护，一种是毁灭。所以，也总有人想给这个“傻白甜”上一堂社会思想教育课。

优优从来不认为这个世界应该有那么多的波折，所以每当她遇到什么感觉过不去的坎儿的时候，就会放开水闸，让泪水放肆冲刷那些负面情绪，或悲伤、或忧虑，哪怕是飞花落叶她都能伤感一二。

慢慢地，不知道是她一次次的脆弱让大家脱敏了，还是她始终拒绝在情商方面所有成长。

反正，没人再心疼她的单纯了。

一个成年人，如果连自己的情绪都收拾不好，那他基本上等于失去了生活自理能力。哪怕他会做饭、会洗衣服，也只能配得上一个保姆的角色。更何况，不会有任何一个雇主愿意帮着保姆收拾负面情绪。

我记得孙红雷演过一部电视剧叫《潜伏》。剧中的人物余则成表面上傻傻的，与别人讲话总是小心翼翼，喜怒不形于色，给观众的感觉永远都是一副小人物的形象。

他做事总是很低调，不愿意让别人知道自己的真实身份，逢人便说他只是一个普通老百姓，其实是军统官员。在同事们纷纷对副站长职位虎视眈眈的时候，他更是收敛地说："你们都是中校，我就是个小小的少校，怎么可能会轮到我呢？"然后就咧开嘴憨厚地嘿嘿傻笑，让大家都不自觉地放松了警惕。

然而拿剧中的其他几个人物形象与他作对比的时候，会发现他们都是爱出风头，太想证明自己，最终搞了个极其落魄下场。

可见，余则成的收敛和隐藏自己，控制情绪，喜怒不形于色是他完美执行任务的关键。

人生来各有志，性格秉性也各不相同，能具备不以物喜、不以己悲的情怀的毕竟是少数。面对周遭生活的种种大起大落，要随机应变，遇到悲伤的事情不要轻易显现出来。

因为悲伤是我们自己的事情，如果因为我们的悲伤而影响到别人的情绪，那么对别人来说是不是有点儿太不公平了？凭什么自己的悲伤要让别人跟你一同分享呢？

在我大学即将毕业的时候，家里发生了一件大事——堂弟开了一家公司。

他开的是软件开发公司，刚开始，他把生意做得风生水起，家里人对他都是满口称赞，既羡慕，又有些嫉妒。

我们几个小辈，自然成了被训斥的对象，而他则是“别人家的孩子”。

那时候，他不管吃饭还是出门，随时随地都要接打电话，就这样过了一年多之后，我突然看不见他接打电话了，仿佛“销声匿迹”一般。

事后，我从他朋友口中得知，堂弟的公司因为一些原因倒闭了。

他从来没有告诉过我们，他甚至怕家里担心，决定独自承担当年为了开公司所欠下的债务。就这样，公司的倒闭让他一夜之间变成了穷光蛋。

那一年过年，他没有回来，我们几个纷纷猜测，他可能是出去躲债了。

再见到堂弟时，已经是第二年的夏天。他已经不同于当年，因为他不再是老板，而是一名普通的公司员工。但他依然满面红光，意气风发，仿佛一切都没有变。

我问他，你经受了这么大的打击，不绝望吗?

他说：“人生那么长，欠的债务慢慢还，只要我还努力拼搏，欠下的账总会还清，日子会渐渐好起来，总有一天会恢复最初的模样。”

是，人生本来就如此艰难，我们敢不敢去面对，它都在那里。那么我们何必要畏惧和逃脱呢？以前我们会害怕，会哭泣，随着岁月的打磨，如今我们已经学会将悲伤和痛苦隐藏于心底。

与其说是隐藏悲伤，不如说我们学会了隐藏自己。我们把命运带给我们的折磨放在心底，不大张旗鼓地让别人知道，然后我们微笑着坚强地站起来，迈开大步向着成功进发，少一份悲伤，多一份坦然。

人的一辈子，多少会经历大风大浪，太清汤寡水的人生反而没了味道。既然人生中“不如意事十常居八九”的大概率我们是无法改变的，那何不隐藏起那不顺心的“八九”去追寻剩下的“一二”呢？

尽管有的时候这些不顺心的风浪和痛苦并不是我们想要的，但是我们克服了、去拼了，为了自己想要的努力追求。追求的过程中难免有喜有悲，遇到欣喜的事情我们不去张扬，遇到挫折时我们把挫折带来的悲伤深藏于内心，适时地隐藏自己，不喜形于色。

因为属于我们自己的喜怒哀乐都要自己去承担，我们自己才是命运的主宰者，没人能替我们去主宰命运，那么何必让别人来与我们一起分担呢？不论好与坏，悲伤与快乐都自己担负。

这样，我们会越来越坚强，我觉得这样的我们，活得很值。

Part 2

生活也许不可爱，但是你很可爱

朋友圈里的真相 »

在被速食席卷的年代，我们的节奏也变得越来越快。手机里的社交软件越多，人与人面对面的沟通却越少。渐渐地，微信、微博和各种五花八门的 APP 包围了我们。

身边的朋友经常打趣："如何又快又稳地了解一个人——看他朋友圈就知道了。"

只要有时间，我们都会拿起手机刷一刷，看看谁又跑去做代购了，看看谁又在晒孩子秀恩爱了。

我朋友圈大致分成三种：微商的、转发的和打卡的。

前两种很好理解，所以我要说说第三种。

前段时间，大家跟约好了一样，把微信头像都换成了"不瘦十斤，不改头像"。于是，一大波打卡群众出现在朋友圈。

每天，我都要被各种减肥餐和跑步机刷屏。

人事部同事夏瞳打算减肥，于是跟同办公室的小姐妹亚伶约好，这个月都要瘦五公斤，谁没有达标，谁就要请全办公室的人吃饭。于是，两人展开了轰轰烈烈的减肥行动。

减肥期间，夏瞳每天都在朋友圈打卡："失去晚饭的第一天，很饿""失去晚饭的第二天，想念晚饭""失去晚饭的第三天，坚持""今天跑了五公里"……

如果吃饭的时候，看到夏瞳的朋友圈，我都得少吃两口肉。

刚开始的几天，夏瞳和亚伶看上去都轻盈了不少，夏瞳还开心地对我说："我穿上了小一码的裤子。"

半个月后，夏瞳的体重却没有发生变化。

她在朋友圈晒着生菜沙拉，在健身房挥汗如雨，在朋友圈频繁地汇报"战果"，体重却一斤都没有掉。于是，夏瞳开始烦躁起来。

她的朋友圈，从素食、跑步机的正能量，转型到体重秤的负能量。她每天都至少要发一条："我怎么喝凉水都胖？"

一个月后，夏瞳竟然一斤没瘦，反而由于早先的节食太过，反弹了一公斤。

亚伶抿着嘴笑了，略带骄傲地站在体重秤上。

让人想不到的是，她竟然瘦了六公斤。夏瞳让她反复称了四次，才慢慢接受这个事实，愿赌服输。

夏瞳不甘心地掏出卡，叫大家晚上一起去聚餐。亚伶带着胜利的微笑，走在队伍的最前面。

夏瞳犹豫了好久，还是问亚伶："你一声不响地瘦了六公斤，到底怎么瘦的？我天天吃素，还去健身房，怎么不瘦反胖了？难道是体质问题吗？"

亚伶扑哧一下笑了："哪有什么体质问题，你天天发朋友圈倒是挺努力的，可是减肥你真的努力了吗？”

旁边一个小姐妹“揭发”道：“夏瞳昨天还吃了一包牛肉干，被我发现了。”

夏瞳不以为然地说：“一包牛肉干才多少卡路里，人家都说，牛肉干是不会长胖的零食。”

另一个男生笑着说：“我也要检举，我昨天在健身房碰见夏瞳了，她在跑步机上跑了十分钟，就坐在休息区的沙发上自拍，拍了半个多小时，又玩了一小时的手机才走的。”

呵，合着夏瞳这一个月，减肥是光在朋友圈里减，是减给我们看的啊！

亚伶掰着手指数落道：“你说说，总共九十分钟的运动时间，前十分钟，你用来热身准备，然后三十分钟用来拍照片，二十分钟用来修图，二十分钟刷朋友圈、刷微博、逛淘宝，真正实打实的跑步时间

只有十分钟啊！”

夏瞳想了想，唉声叹气道：“好像是这么个道理，我总觉得，我只要吃两根菜，人到了健身房，减肥就会有效果，就证明自己努力了。”

亚伶摇摇头：“你真是连自己都糊弄啊，这种朋友圈的努力，不要也罢。”

我打开朋友圈，正好看见夏瞳精致微汗的脸庞，下面的配文是“好累呀！又是努力的一天”。

她怀揣这种“努力”的满足感，心安理得地告诉别人，也告诉自己：我很努力地减肥。

其实，这种努力毫无用处。

夏瞳和亚伶选择了不同的方式减肥。夏瞳是告诉别人“我真的很努力”，亚伶是告诉自己“你真的要很努力”；夏瞳的初衷是“我要让大家都知道我很努力”，亚伶的初衷是“我要瘦”。

目的不一样，选择就不一样；选择不一样，带来的结果就不一样。

确实，“努力”这个词充满了迷惑性。因为人本来就是感性动物，人容易被别人感动，但更容易被自己感动。

“我今天做了好多家务”“我已经很久没吃过肉了”“我今天加班加了好久”，这些心情让我们得了一种“误以为自己很努力”的病。

就算只花费了一点儿力气，完成了一件小事，也能让我们自豪感倍增。可这能叫努力吗？显然不能。

仔细想想，你做了好多家务的原因，是因为之前积攒得太多；你现在减肥，是因为你一点也不运动；你加班的原因，可能也只是因为你没有及时完成当天的任务。

这样看来，你所谓的“努力”也只是阳光下的泡沫，看着美丽却也一戳就破。

真正的努力，应该像亚伶一样，因渴望达到目的而实际行动起来，并非追求一种虚无的充实感和满足感。

你要知道，这个世界比你努力的大有人在。

当你大汗淋漓地跑了五公里之后，心满意足地拍个自拍发个朋友圈，可有人却闷声不响地跑完了十公里负重；当你筋疲力尽地做完最后一个动作后，激动地跟教练合个影，可有人却在不停地突破自己的极限；你在朋友圈每天都跑步打卡，可也有人风雨不动地坚持长跑二十年。

真正努力的人，他们不会把这些细节发在朋友圈，也从不会向大家炫耀自己的努力。因为他们的努力，是为目的做辅助。相比较下，你在朋友圈的“努力”，就真是不值一提了。

谁的生活不是繁杂琐碎的呢？谁的人生能够一直顺风顺水呢？大家都是各有坚持，各有选择罢了。

有时候，我们看不到别人的付出，于是误以为他们和自己一样。直到他们取得成就后，我们才知道，他们为了梦想究竟付出了多少。

所以，别让你只在朋友圈里努力，牢记自己的目标，才能看清人生的方向。

希望你们有一天能坦然、毫无愧疚地说声：我真的尽力了！

追星的二三事 »

我的闺密蓁蓁，她追韩星的程度近乎狂热。

最初，她是因为朋友介绍，才知道这个世界上有 EXO 的存在，这个韩团中的十二位“小鲜肉”，让从不追星的蓁蓁也掉进了追星的大坑。

蓁蓁说：“EXO 对我而言，就如同漆黑中的一道亮光，夜空中的一颗星星，是我病入膏肓之时的一颗解药。给我一切动力，帮我缓解一切压力。让我明白世界上的真情还是存在的，他们让我知道世界对我而言还是有希望的。因为他们我接触了很多以前没接触的东西。”

在熬夜加班工作几度让她崩溃的时候，蓁蓁只要一看到手机壁纸中偶像们的笑脸，就感受不到疲劳和困倦了，又能电力十足地投入工作中。

EXO 在蓁蓁的世界里就是“神”，其作用就像“灵丹妙药”一样灵验。

当然，她对于这个韩国团体的仰慕和狂热远远不止这些。

大学毕业之后，蓁蓁出国深造。在国外勤工俭学边打工边学习的她就是为了攒钱买机票飞来飞去，目的是去看她偶像的演唱会。只要是EXO出现的地方，蓁蓁基本上都会出现。

在我心中，蓁蓁是一个十足的EXO铁杆粉。

某天无意中她跟我提到，其实他父母并不是很赞成她这么“盲目”追星，所以基本上她去看演唱会多半是背着父母偷偷去的。

她说，她对他们的仰慕不是“盲目崇拜”，她之所以喜欢他们是因为他们是曾经帮助她走出低谷的一个很大的动力。她说别人不是她，所以不会明白EXO对于她的意义有多大。

或许单拿“追星”这个词来说是一件盲目的事情，但是真的都只是一时间的盲目狂热吗？我觉得并不是。

因为他们的才华横溢和光鲜亮丽，他们对自己“明星梦”的执着追逐，所以才会有在舞台上发光发热、展现自我才华的机会，才会让蓁蓁这些“铁杆儿粉”仰慕。蓁蓁一样的“追星一族”把他们当成学习的楷模，想像他们一样被人们所认同，想像他们一样坚定地追寻自己的梦想。

正是因为他们台上一分钟、台下十年功的艰苦磨炼，所以他们付出的努力远远要比我们想象中要多得多。作为“明星”的他们在不断地追求更好的自己。

对于他们来说，他们始终想把最好的表演展现给观众和粉丝。作为“追星一族”的这些年轻人，也丝毫不敢懈怠，像他们一样也坚定而努力地完成一个又一个自己的人生目标。对于“追星一族”来说他们是正能量的化身，是迷路时的一个方向标。

当然，也有人选择盲目追星，刘德华杨丽娟事件离我们太远了，这里我说一件我外甥追星的事。

我外甥的爸妈离婚早，他一直跟着我大姐住。我大姐是个标准的女强人，为了这个儿子，她从一个小员工，一路做到了销售部经理，后来自己又开了一家公司，把事业做得风生水起。

有钱了，就觉得不能委屈了孩子。外甥花钱大手大脚，大姐也从不过问。

前段时间，上初中的外甥迷上了一个女主播，不但把大姐卡里的三十万工程款打赏了主播，还以女主播男朋友的身份，在粉丝群里发了一万五千元的红包。

这一下，大姐意识到了外甥追星的严重性。从小衣来伸手饭来张口的他，对金钱根本没有概念。于是大姐跟女主播取得联系，告诉对方，外甥不是什么高富帅，只是一个初中孩子，希望能把工程款要回来。

可是女主播压根就没有回复，听说外甥只是个初中小孩，而不是什么高富帅，还把他拉黑踢出了粉丝群。

外甥一看自己的身份暴露，女主播还取

关拉黑了自己，感到人生无望，于是用自杀威胁家里，非要让大姐去跟女主播道歉。

一大家子被他追星的事儿闹得鸡犬不宁。

很多时候，年轻人的“追星”对于父母来说就是一种倔强，是一种迷茫和叛逆。

有的年轻人像蓁蓁一样，觉得自己找到了一盏能照亮自我的明灯，觉得这盏灯能一直指引着自己找到正确的方向；而有的年轻人就像我外甥和杨丽娟一样，盲目追星，害人害己。

一切都在于自己的选择。

就像是果戈理对普希金的仰慕。果戈理在一个晚会上见到了心中的偶像普希金，并受到了对方的赞扬，这令穷困潦倒、灰心失望的果戈理重新点燃了即将熄灭的天才之火。

所以，每一个我们所喜爱的“明星”都不应该只是我们为之疯狂的对象，而更应该成为我们心中的“榜样”。

“榜样”的力量是无穷的，一个没有英雄情怀的社会将会永远沉寂。或许我们每个人一辈子都没有当明星的机会，但如果少了当明星的信念和梦想，那人生就没有多大动力了。

那些反对追星的人，大多只是看到了疯狂，却没有看到榜样的力量。而追星的正确打开方式应该是：追星，追的是那些通向美好的途径。

追星没有错，错的只是你的心态和选择。

毕业了，课本就要赶紧卖掉吗？ »

大学同学芃芃，是我们那届出了名的“学霸”。上大学的时候，感觉她就是那种以图书馆为家的人。只要一有时间，她就会在图书馆里泡着，仿佛着了魔一样。

大学生活自然是无忧无虑的。课余时间，大家都选择逛街、聚会和恋爱。那时候，这些就是大学生们最平常的活动了。可芃芃却始终都不加入我们的行列。

一天，我问芃芃：“你每天都泡在图书馆不无聊吗？”她说，她一个人在业余时间，安静地享受生活。一支笔、一本书、一杯茶，虽然这样很简单，但是能给她带来快乐。所以她不会觉得无聊。

临近毕业，班里有同学说，打算办个义卖，把我们这四年的书本、笔记、杂志和文具都处理掉。如果义卖的效果不好的话，就扔掉，图个毕业“一身轻”，彻底告别大学生活。

一向不爱说话的芃芃却一脸认真道：“你们这样不是很浪费吗？难道你们毕业后就不看书、不学习了？”

她这么一问，我们大家都一脸茫然。

确实，我们的课本都不便宜，把课本买回来后，大多时间也只是翻一翻，除了应付上课和考试之外，这些教科书基本就没用了。

就像芃芃说的，毕业之后我们真的不去学习了吗？我们的学生身份真的这么结束了吗？真的甘心吗？

就在这份迷茫中，我选择把课本留了下来。

倒不是真的打算有计划地看，只是想到了一句俗话，叫“活到老学到老”。

人总是要不断寻求进步的，毕竟人生就是一个不断探索与学习的过程。任何人都不可能一劳永逸地拥有足够的知识，而是需要终身学习。

学无止境。探索真理是一个漫长的过程，进修亦是如此。

学习的目的不仅仅是为了应付考试、工作或者生活，学习就只是学习，从来没有为什么和为了什么。

况且，人一生中需要学习的东西太多了，绝对不仅仅是书本上的内容而已，学校的课本上只是一个基础，基础牢固了我们才能更好地进行后期的发展。

当我们越走越高的时候，才会意识到，学习的重要性远远超过我们曾经意识到的。

还记得年初时，八十多岁的奶奶兴致勃勃地找我，跟我说她想学学怎么用微信。

奶奶说："我跟我那些老朋友，交流基本都是靠发短信或打电话。要是有了微信，我就能用微信跟他们说话了。"

我告诉奶奶："你得先从最基本的学起。"

虽然奶奶不会拼音，但她会手写。所以，打字对她来说并不是一件多困难的事情。只要把最基本的常用功能学好，学起微信就完全没有问题。

我认真地教，奶奶一边听，一边拿笔跟小本子记录。经过一番努力，她现在已经能自己操作，跟她的那些老朋友在微信上聊天了。

前不久，我去看望她，奶奶骄傲地告诉我，她不但会发表情包，还学会了转发朋友圈。现在，她经常把她看到的有意思的东西转给我，并乐此不疲。

八十多岁的老人都为了跟上时代的脚步坚持学习，难道二三十岁的年轻人就要提前进入退休生活了吗？

知识是需要不断积累的，学习也不分年龄。活到老，学到老。这真是人生中的一大境界。

我们一个人一生要走的路很长，前方有很多未知的领域等待着我们去发现，去探索，去学习。从我们的幼年、少年、青年、中年，直到老年，学习将始终贯穿着我们整个生活历程，也影响着我们一生的发展。

鸟欲高飞先振翅，人求上进先读书。

如今这个信息化科技化的时代，新奇的事物每天都在诞生，仅仅凭我们学生时期学的那些知识是跟不上时代的变化的。这个社会竞争愈加激烈，知识是我们参与竞争必不可少的武器。没有了知识终将会被这个现代化的时代所淘汰。

每个人都要持有终身学习的思想，要不断地给自己“充电”“打气”。让自己跟上时代的脚步。

当然我们口中的学习，其内容并不限于书本，还有社会阅历和工作经验。就像婴儿的成长过程一样，学会翻身、学会爬、学会站立、学会走路、学会奔跑。

有的人觉得“一招鲜吃遍天”，可事实却没有这么乐观。

我大舅在国企干了二十年，在四十岁时，国企改制，鼓励职工买断，另谋出路。

大舅想了想，自己早已经被体制圈住，除了现在的岗位，其他什么东西都不会干，于是拒绝了国企的买断政策。

和他一起的几个老同事也都拒绝了买断，但一部分心思活络的，已经开始另学手艺，另谋出路了。

可惜的是，大舅不是心思活络的那一波。他还是该吃吃，该喝喝。几个老员工叫他一起去学个手艺，或者学门乐器，大舅一一拒绝了。

不到两年，大舅和一批老员工被强制下了岗。下岗之后，大舅只能赋闲在家，终日无所事事。而那些昔日的老员工，有的成了二胡老师，有的办了个英语角，生活照样多姿多彩。

你可以选择把课本丢掉，你也可以选择把知识重新捡起来。要知道，就算你把知识还给老师，老师也不会把学费还给你。

一切，都在你如何选择罢了。

生活告诉你要向前看 »

晚上，我接到了吴瑾的电话，他叫我和几个朋友出去喝酒，因为他跟前女友和好之后又分手了。

吴瑾跟他前女友，早在高中时代就走到了一起。大学毕业后，他们各自回到自己的城市参加工作，分居两地，开始所谓的异地恋生活。

吴瑾说，异地恋的那几年，对他们来说是煎熬的。俩人刚开始的时候还海誓山盟，信誓旦旦，一副非他不嫁非她不娶的架势。后来还是输给了距离，分隔两地没多久就分手了。

分开后，两个人的生活几乎完全不同，他们经常因为生活中的一些细小琐碎的事情吵架，反反复复，长此以往，最初的爱早就消耗殆尽了。后来，双方决定和平分手，各自寻找新的感情生活。

不久，吴瑾因为工作上的调动，去了前女友所在的城市工作。他们经常以朋友的身份见面，两个人本身之前就有那么长时间的感情基础，以朋友的身份相处没多久之后又像刚恋爱的小情侣一般重新走到了一起。

但吴瑾说，那似乎也只是表面上看上去很甜蜜而已，私下里却争吵不止。冷战了几天之后两个人这次决定从此各走各路，老死不相往来。

第二次分手之后，吴瑾一直沉浸在失恋的阴影之中走不出去。

我问吴瑾，当初第一次分手之后为什么又复合？他说，当时并没有想过要复合，谁知道彼此还存在感情，于是又走到了一起。

他说他现在觉得痛彻心扉，虽然在这段感情的挣扎中获得了永久的解脱，但是他还是不甘心就这样各走各路。

我不记得吴瑾当时跟我说这些话的表情，我只记得那天晚上他喝得酩酊大醉。

任何一对情侣，如果不是因生活所迫而分手，那一定是在感情中有着不可修复的裂缝和矛盾，要不就是因为性格的差异。

总之不管因为什么，肯定有一个原因导致了真的不能继续在一起了，毕竟“分手”二字不是那么轻易就说出口的。

有些时候，不管什么原因，只要感情出现了问题，就不要再彼此纠缠了。不要总在一段不可能再继续的感情里犹犹豫豫。

每个人都有各自的生活，也有自己的选择，既然决定了各走各路、互不打扰，那么就不要再回头。毕竟人总是要朝前看的，步子总是要迈出去的，生活还是要继续的，日子还是要过下去的。

有时候，互不打扰才是最好的状态。对于前任，不管之前的感情是多么坚不可摧，多么刀枪不入，既然选择了分开就永远都不要回头。对于感情就得该断就断，快刀斩乱麻总比藕断丝连要好得多。

对于吴瑾如此，对于我们也一样。

生活告诉我们要向前看。总站在原地打转是永远不会找到出口的。对于爱情这种东西，“回头草”是不能吃的。

安昊在大学谈的女朋友刚开始交往就去了澳洲。那时候，他们是异国恋。后来分手了，如今姑娘寻找到了属于自己的幸福，心有所属准备出嫁。安昊却始终舍不得放弃，还一直寻找机会想与那个姑娘重归于好。

他问我：“如果你的前任在异国，他告诉你他寻找到了自己的爱情，而且准备结婚了。但你就是不甘心，即使你知道没有任何希望，你会怎么办？”

我告诉他：“如果对方不喜欢，一切都白搭。”

爱情中最怕的不是你远在千里，而是两个人面对面站在一起，即使身体贴得再近，对方心里戒备的那条沟壑却始终都不能逾越。那么对于彼此来说，是永远都触不可及的。

既然我们选择了离开彼此，那么就坚定地不要回头，因为在生活里，我们必须向前看。

即使你此刻难过得满眼泪水，伤心过后也一定能哈哈大笑；即使你此刻撕心裂肺、举步维艰，痛苦过后也一定能坚强如初。

面对生活，我们必须具备向前看的劲头。我们终究要哭，那个我们曾经的所爱之人终究要走，但是要告诉自己：要抬起头来，不要让眼泪轻易地流下来。

或许有一天，我们会恍然大悟，擦干眼泪。猛然间明白，我们曾经的所爱之人真的离开了，但是他的离开，并不会带走我们的全世界。所以，我们的坚持并没有任何意义。

就这样，我们的过往被“全盘否决”。“我还爱你”终究成了一个十足的笑话。终于，逝去的过往我们不再回头观望。不念过去，不惧将来，依然过着我们自己的幸福生活。

因为生活告诉我们，要向前看。

我很喜欢幾米的《向左走，向右走》。书中女主人公住在城市郊区的一栋旧公寓大楼里，每次出门，不管去哪里，总是习惯性地向左走。他也同样住在郊区的那栋旧公寓大楼里，每次出门，不管去哪里，总是习惯性地向右走。

他们一个向左一个向右，永远都是彼此错过。有一天，他们相遇了，似乎要演绎一场“一见钟情”的爱情。但人生总是会有意外的，两张写着电话号码的字条被雨水浸湿而逐渐模糊，为此两个人从此错过。

一旦错过，就永远不要回头。

我想正是因为他们彼此错过了，才会触动读者的心灵吧。在我们的人生中，有些人、有些事注定会错过。而正是这种不完整的人生，才更有意义。

倘若我们总是相遇，总是重逢，这似乎并没有什么特别意义。人生有太多的喜怒哀乐，那么究竟有多少感动可以保留，有哪个爱人能陪我们到最后？

这个世界分分秒秒、来去匆匆，从来谁都不会为谁停留，一生中寻寻觅觅、转眼成空，一旦错过了就不能回头。

不管是向左走，还是向右走，终究还是要向前走的。因为生活永远都要向前看，再苦再难也要继续下去。正是因为有错过，人生才会有遗憾，有遗憾的人生才是最美的。

有维纳斯的断臂，才有她的唯美；有月圆月缺，才能道尽人世沧桑。

一生当中会有遗憾，会有不舍，也会有错过的痛楚。这些痛使我们成长，其实人生只是一堆无谓的时间数字罢了。

我们在这一秒遇见，永远回不到上一秒。

穿越时空、回到过去，永远是在现实中不可能实现的事情。就算未来科技再发达，人们也不可能回到过去，我们是永远不能打破自然定律的。想要挽留流失的时光，拯救失去的东西，倒不如好好过当下的生活。

不管我们是错过了也好，失去了也罢。要勇敢地向前走，不要被自己所牵绊，不要原地踏步。

有时候我们需要放下自己的坚持，唯一的理由是这样才能让生命没有遗漏。外面的世界到底有多精彩你不知道，因为你的眼睛没有告诉你答案。

打破所谓陈规，换一种眼光看周遭，也许快乐会变得轻而易举。有时候，已经错过了相遇的时节，则要用那种平静的心态对待生活中的这种错过。说不定这也刚好是宿命的安排。

如果真错过了，又该如何是好？是拼命追赶还是怅然若失、莫名遗憾？

选择放手，选择挽留，一切都因人而异，也因事而异。与其在权衡利弊中苦恼，倒不如尝试着好好经营生活，因为生活告诉我们要向前走。

低头看见了双下巴 »

我有个邻家姐姐，名叫昭媛。

我记不清她家的门槛有没有被追求者踏破，我只记得，别人一提到“美人”，我脑海里第一个浮现出的就是她。

怎么去形容呢？应该有很多人看过《西西里的美丽传说》。影片中，女星莫妮卡·贝鲁齐饰演的玛莲娜是众多男性心目中的梦中情人。用现在的话说就是“女神”一般的人，她是影片中“美丽与魅惑”的载体。

在我心里，她就像玛莲娜一样：年轻、美丽、会穿着打扮，行为举止非常优雅。

后来，昭媛姐搬到了深圳。那时候，网络通信尚不发达，我跟她彻底断了联系。

今后的很多年里，我身边没有任何一个人能代替她的美丽。

我想成为她那样优雅的女人，但我选了一条不修边幅的路。

大学刚毕业，工作和生活的压力让我有些喘不过气。我选择了一种排解压力的方法，那就是吃。

工作一年，我胖了五公斤，看着大腿和腰上的肉越来越厚，我暗自咬牙，打算减肥。

虽然选了这条路，但想法和现实总是背道而驰。

我在吃东西的时候，永远管不住自己的嘴。在吃了很多食物后，又拍着自己的肚子后悔。就这样，我游离在幻想自己变瘦的样子和现实生活的“吃吃吃”之间。

直到一年后，我跟一个叫林丹的博士洽谈工作。对方看了一眼我的工作证，又看了一眼我本人，一推眼镜，说道：“你连自己的身体都管理不好，让我怎么相信你的工作能力？”

当时，我一股火就窜了上来。但回去仔细想想，她说得也不无道理。一个身材臃肿的人，至少说明她没有对自己的身材负责。

于是我垂下了头，但我惊悚地发现，我低头之后，竟然看见了双下巴。

这就是我选的路吗？我不由得暗自发誓，一定要瘦！

在我努力减肥时，妈妈在微信里推送了一张名片给我。我点开一看，是一位专门卖女装的微商。

反正百无聊赖，我随手翻着模特的衣服照片，配文的意思大概是她的新店到了新款衣服，请新老顾客到店里试衣购买，也接受网络订单，可以随时发货。

在没点开图片的时候，我心里还想：这个模特身材真好！可当我点开图片的那一瞬间，不禁心头一惊。这个模特就是昭媛姐。

这么多年过去，她依旧是那个我记忆中的“玛莲娜”。

通过聊天我知道，她在深圳成了家，还有了两个女儿，老大已经十岁了。现在，她租了一家店面卖服装，日子过得有滋有味。

我啧啧称奇，问她怎么把身材保持得这么好！

昭媛姐看我发来的一串感叹号，笑着问我："是不是在你心中，结过婚、生过孩子的人都是一副臃肿的模样？"

她的话让我心头为之一震。

确实，你的生活状态是自己选的。

生活并没有固定的按钮是说结了婚、生了孩子之后这个按钮就会按时启动，启动按钮之后女人的身材就会走样，一副疲于奔命不加修饰的粗糙形象。就像不是每个年轻人都是一副青春活力的模样一样。

命运对我们是公平的，只是很多人都在内心设定了这样一个按钮，把自己的生活过得不再精致。

我们每个人的一生，似乎无时无刻不在选择，也无时无刻不在为自己的选择承担后果。

我选择了大吃一顿，胖二斤就是我的后果；我选择在跑步机上运动一小时，紧实的小腿就是我的后果；我选择读完这本书，在聊天中有谈资就是我的后果。

昭媛姐选择了优雅的一生，她就为优雅努力。在一碗红烧肉和一堂瑜伽课中，昭媛姐会毫不犹豫地选择后者；在听音乐、运动和吃东西中，我选择用吃东西的方式解压，胖五公斤也是在所难免。

一切都尽在选择。

最怕你选择了一条优雅的路，却管不好自己的嘴，迈不开自己的腿。理想和现实越走越远，你的决心和初心也就越来越模糊，情绪也会变得暴躁。

当然，在看到比自己身材好、比自己成绩优秀的人时，我们内心难免会产生涟漪甚至是涛浪。这应该与嫉妒无关，与试图揣测别人的阴暗面无关，而是从心底坦然接受并衍生出的一种跃跃欲试状态下的结果。

我们都会萌生出一种“变得更好”念头，在这种念头下，我们时刻提醒自己要变成美好、健康的模样，这无关结婚与否，也无关有无孩子，与之有关的是我们的生活态度，是我们自身的自制与自律。

希望你可以在自己的生命旅程中一如既往地追求自己想要的生活，获得幸福，活成自己理想中的模样，而不是低头只见双下巴。

请你转发这条锦鲤 »

现如今，每逢大考临近，就总有一股“不转发就挂科”的旋风，席卷各种微博、空间和朋友圈，而且转发量还相当的高。

如今这种有着迷信色彩的信息刷屏已经是经常事。

林瑶是我朋友，她大学时，经常在朋友圈转发自己卖的零食和化妆品。有一次，睡在我下铺的姑娘举着手机说：你们快来转发这只小黑猫！

林瑶凑过来问：“什么小黑猫，谁家猫丢了？”

我下铺的姑娘一翻白眼儿，操着一口标准的网络用语说：“你真老帽儿，这是本月最神的‘锦鲤’，我朋友转发之后，立马就跟国企签了合同！”

林瑶嗤笑一声：“我才不信呢，你们成天转发那些金手掌、灵验图、观音像和财神爷，比我这个做微商的发朋友圈都勤，有用吗？有这功夫，你还不如背几个单词。”

确实，这几年锦鲤很忙。

自古以来，我们普通老百姓就对锦鲤有着吉祥的执念。“鲤鱼跃龙门”的故事家家户户基本上都知道，孔子也曾因“嘉以为瑞”给儿子取名鲤。

锦鲤确实被赋予了吉祥、爱情和勇气的期许。在日本，鲤鱼旗还成为男孩节的一个象征。

然而，在我们现实的网络世界里，锦鲤的意义似乎变了味道。基本上都是清一色的祈愿求福：保佑考试不挂科，希望股市大涨，希望旅途顺风……

锦鲤的传统文化象征意义早已被这种迷信色彩所蒙蔽。

锦鲤似乎变成了一个可以给我们一切的神。只要我们许下愿望，锦鲤就能帮我们实现。

但是真的会实现吗？看看朋友圈，那些在我们大学时候生活得风风光光的学姐，在体育场上中如鱼得水的学长，似乎他们都不像别人眼中那么完美，他们也会在学生时期留下些许遗憾。

比如说，遗憾没泡在图书馆多看几本书，遗憾没多静下心来欣赏城市的风景，遗憾没能在学生时期做一个老师眼中的好学生。

我们现在只是二十出头的年纪，这个年纪很适合为了我们想要的生活去努力，从现在开始来弥补我们遗留下来的遗憾还不晚。只是我们想要的，“锦鲤”能给我们吗？

事实上，我们现在需要的是努力地向前走，而不是需要“锦鲤”的庇护。

活在当下，为自己碌碌无为的生活找所谓的“庇护”似乎并不是我们这个年纪所要去担心的，而我们真正所要担心的是我们没有努力的未来，无论是生活、事业，还是爱情。

或许每个人的梦想都不一样，或许有的人总是事与愿违。梦想的初衷就像发酵的果汁一样变了味道，已然不知道自己该何去何从。

柳柳总喜欢把自己想象成某个韩剧的女主角。她经常挂着各种招"桃花"的饰品，幻想在某个拐角处，就能跟白马王子不期而遇。

我说了不止一次："仔细想想，你整天在家抱着电视看韩剧舔屏，还不如好好收拾收拾自己，整天邋邋遢遢的，就算真走在大街上，白马王子也不会留意到你。"

柳柳坚定地告诉我："只要自己心诚，白马王子就一定会爱上她。"她一脸梦幻地说，"你不懂，白马王子都是喜欢灰姑娘的。"

我揭下脸上的面膜，告诉她："有转发锦鲤的工夫，还不如把脸

好好敷一敷，或者好好赚点儿钱。”

柳柳对我的话嗤之以鼻，我对她的“傻白甜”无可奈何。

曾经我也误以为爱情不能去寻找，唯有原地等待其降临。

后来随着年龄的增长，我渐渐地明白，所谓的遇见爱情，是在我们等待爱情出现的单身的日子里，不断地提升自己，过着我们喜欢的生活，做更好的自己，这样我们才有遇见爱情的资本和机会。

对于热爱生活的我们，生活必定会回报以强大的力量，让我们有强大的铠甲去抵挡成长路上的磨难和打击。无论我们在爱情上输了，还是在事业上败了，我们都要具备东山再起、改头换面的资本。

不论我们面对的将是什么，不要忘记随时随地改变自己，让自己变得足够优秀美好。我们散发的光芒，会吸引更多的人到来。这样，我们就可以主动挑选自己向往的爱情的模样。

你选择什么生活，就会收获什么生活。因为生活和梦想是自己的，不是“锦鲤的”；因为爱情和幸福是我们争取的，不是等来的。

你是千里马，也是自己的伯乐 »

我的大学同学陶陶，是一个很在意自己形象的美女。

上大学的时候，基本上一有空闲，她就会掏出化妆品来修饰自己美丽的脸蛋，似乎她已经把打扮自己当成是一种爱好了。

课余时间，陶陶在校外找了好几份兼职，为的就是能有足够的钱来打扮自己。陶陶说，她这样是在为自己的“明星梦想”打基础。

这个梦想一直跟随她到毕业。在我们都在找工作实习的时候，陶陶被一家模特公司相中，做街拍模特。后来，她还与一家网红经纪公司签约，做了网络女主播，粉丝量超乎想象地惊人。就这样她开启了自己的“网红”生涯。

在“五一”的时候某知名购物网站做活动，我居然在主页上看到了陶陶的身影。见证了陶陶的“网红”历程，让我想起了千里马与伯乐的故事。

最近，像陶陶这样的“网红”主播似乎已经成为了一种时代的趋势。我们处于网络高度发达的时代，一个普通人发声实在不太容易。

像陶陶那样有才华、有相貌、有品位又勤奋，懂得利用大众心理来引导话题的风潮，再加上自己的一点儿运气，天时地利人和，其实不需要伯乐，自己作为一匹千里马也足以被民众关注。

陶陶自己就是伯乐。

她说："我选择了当网红，跪着也要把网红的路走完！"

有些走在时代最前沿的网红，其实他们自身并不具备强大的逻辑思维和渊博的知识，但只要通过一些网红公司来给他们做"包装"，加上自己的勤奋努力，就能轻而易举地获得大量的粉丝，并且迅速被大众所周知。

大家对于他们逐渐了解，从而愿意为他们打赏和转发，使他们的传播更加迅速。

在生活中，我们总是抱怨不能遇见自己的伯乐，总是不能遇见欣赏我们的人。也许是我们平时的努力和经验积累还不够，也许我们努力的方向还不正确。

我想陶陶应该感谢这个时代吧。这个时代，让她得到了属于她自己的粉丝，获得了被人关注的成就感。让她发现了自己的潜力，实现了自己的"明星梦"。

陶陶之所以能取得成功，正是因为她选了这条路，就敢于在这条路上执着追求自己喜欢的事情，敢于欣赏自我，真实勇敢地把自己的才艺展现给大众群体。

所以，她不仅是一匹千里马，也是自己的伯乐。

如果你认为自己是一匹千里马，站在原地等待着伯乐的到来，那么还不如尝试着做自己的伯乐。

不要畏惧，不要退缩，更不要原地等待，努力将自己的天赋和才能发挥出来。找准自己的人生方向，脚踏实地地向前走，总有一天，我们会成为我们想要成为的样子。

其实我们每个人身上都有一份隐藏于深处的独特潜质。那份潜质就像一个沉睡着的超级英雄，等待着一个人去唤醒它。如果我们不去尝试，这些能量仿佛永远都不会有机会放射出来。

上天不会莫名亏待任何一个人，每个人都有无限的空间去展示自己，只要孜孜不倦地努力尝试，那些才华就能“喷涌而出”。

那么我们为什么还要坐以待毙，为什么不去做自己的伯乐呢？

我有位好友，从营销专业毕业后，最终选择了一家生产咖啡的大公司。经过一番的准备，他决定前往应聘，不料却碰壁，公司以他刚毕业没有实践经验为由拒绝了他。

扑面而来的冷遇，却使他下定了一定要进那家公司的决心。

直到有一天，他带着通过缜密考察制定出来的营销方案再次步入了那家公司。老板细心地看完了他的方案，主动跟他谈了加盟公司的条件。

我朋友说，他目前的这个方案可能还有种种的漏洞，所以这次他得到被录用的机会就已经很满足了，至于报酬并不奢望太高，只要最基本的就行。老板却对他说多亏了他当初的执着，不然就与这样的人才擦肩而过了。

现如今，已经是集团总经理的他，每次在面试新员工的时候，总会问应聘者一个问题：“怎么证明你自己是一个人才？”

我想，每个人都遭遇过像他这样，初入职场但却求职碰壁的事情。但大部分人都选择找朋友抱怨、大吐苦水。

与其这样怨天尤人、无所作为，为什么不能相信自己一定能行呢？从点滴小事做起，付诸行动，运用自己所学的知识来施展自己的才华，用自己的努力来赢取属于自己的机会。

很多时候，不要总是过分奢望别人给自己提供机会，忘记自己应该首先在梦想的原野里奔跑纵横，向别人展示自己其实是一匹名副其实、当之无愧的千里马。

真正的千里马是在纵横驰骋中才能充分展示自己的技艺，才能展现出卓尔不群的风采；真正取得成功的人，只有在不断的努力磨炼中，才能发出别样的光芒。

有些时候我们所缺乏的并不是才华与机会，而是执着，以及大胆尝试的勇气。

试着相信自己是最棒的，只要勇敢地跨出那一步，那些看似不可能实现的事情就会变成可能。

别让别人去揣测我们的命运，别让别人为我们的人生贴上标签，人生中所有的转角处都聚集着一份能量，如果世界上真的有一个人能因为这样的突破而成功，那么我们自己一定就是第二个。

路是自己选的，既然选了，就把它走完。今天很痛苦，明天更痛苦，后天却很美好，所以请不要在明天的半夜里放弃。

Part 3
为了你想要的就讨好自己吧

哪有“为什么”，不过是值得 »

我的好友欣芮，在过完大学最后一个生日后，满怀欣喜地对我说：“我做出了一个选择！我不想当阔太太了，我要开始寻找薪水丰厚、前途美好的工作！”

我知道，她这么拼，就是为了跟男朋友一起买饭、结婚蜜月、二人世界。

欣芮有能力，人长得也漂亮，基本没经历过什么坎坷。可招聘会那天，她却遇到了一件小坎坷。

那天，她男朋友跟她一起出现在招聘会现场，帮她投递高薪工作的简历。

这时，妆容完美的面试经理随手把她的简历丢在了旁边的杂物堆里，欣芮当时就气不打一处来，满怀愤怒地质问：“你凭什么看都不看就丢掉我的简历？”

招聘经理用职业化且明显带着轻蔑的语气告诉她，作为经理，她有资格随便处理应聘者的简历，而且并不需要做出任何解释。况且，他们并不需要一位连投简历都需要让男朋友陪同的员工。

欣芮听完这一番话，竟抿了抿嘴，没有反驳。而是弯腰从杂货堆里捡起简历，再次交给她说："我希望你还是能考虑并且有消息一定要通知我。"说完便离开了。

果真，一周之后她得到了这份高薪工作。老板说，希望她的能力，可以跟她表现出来的骄傲一样让人印象深刻。

像大多数要强的大学生一模一样，她到了新单位鼓足了干劲，什么娱乐、男友都不再重要，她发誓要让妆容完美的经理对她刮目相看。

事后我问她那天为什么这么做，她高傲地说："为什么？没有为什么，不过是因为值得，我需要这份能改变我生活的工作，它值得我这么去做，我想要的只有我自己才能给我。我选了这条路，因为这条路值得我拼一把"。

事情已经过去很久了，但很长一阵子，我都在思考欣芮跟我说过的话。

之前，我一直都自以为是地认为，我能"鼓励"和"劝勉"我身边的人做得更好，得到他们想要的生活。后来经历了这样一段故事之后，我猛然间意识到，能改变他们的只有一个人，那就是他们自己。

假如他们本身根本就不想改变，或者又不知道从哪儿开始改变，那么你所做的一切都是徒劳的。

所以你根本不必担心任何人，如果你并不喜欢他们，完全可以不跟他们一起相处。但是你要知道，你并没有权利去改变他们。

有人说："改变了你的思维，你的生活就会得到改变。"我绝对是相信的，情感跟思想构成了我们的经历。

所以，为了生活得更美好，有问题就不要去抱怨任何人，不要去抱怨环境。仅仅是因为你不喜欢你现在的处境，并不意味着你现在的这种处境你没有责任。所以，为什么你要一味羡慕别人的生活而不去改变你现在的处境呢?

你一定要知道，你，也只有你自己，才能对自己的生活负责。

上周中午，我跟一个许久未见的刚留美回来的朋友相约。自从升职后，我就是名过着轻奢生活的月光族，而她从毕业到出国，从国外到回国，生活方面没有任何的变化，依旧清纯得不戴任何装饰品。

当她问我目前的生活情况时，我顿了一下，说："其实我还是算一个很自私的人吧，我对其他事情一万个不好，我只想把自己的每一天都过得充实舒适，所以我喜欢什么就买，想去旅游就会去。"

其实我觉得我自己还是有一些自制力的，而我的自制力都源于我

需要去挣钱来养活自己和我的家。事实上我只想让自己没有拘束地安逸地活在当下。

我朋友说我是她所有朋友里最会享受生活的一个人，不用带孩子，不用照顾家庭，而且父母都有各自的收入来源，自己也有稳定的工作。

但我认为最重要的原因是我真的很爱生活，并且懂得如何去爱自己。其实我觉得二十几岁正是我生命中最好的年纪，身体健康，亲人安在，现世安稳。那么又有什么理由不去好好经营自己想要的生活而是去把生活搞得一团糟呢？

以前，“自私”这个词往往会被人认为是个万恶不赦的贬义词，但是经历得多了才发现，人还是“自私”点儿吧。

这里我说的自私并不是把别人的利益拿去牺牲而换取自己的满足，而是强调在不伤害别人的情况下对自己想要的生活的重视。当你花费一部分精力在自己身上时，会发现我们离我们想要的生活并非那么远。

而她选择了朴素简单的生活，她喜欢自然清新，不喜欢都市快节奏的生活。从美国回来后，她拒绝了几家大企业抛出的橄榄枝，在繁华的北京城里开了一家咖啡馆。

她就在这样一个快节奏的城市里，划一方净土安稳下来。

在我为一份企划案焦头烂额时，她正在研究咖啡豆的区别；在我拿着一份文件东奔西跑的时候，她正在挑选今天要播放的CD；在我匆忙喝完一杯速溶饮品，三口两口吃掉一份三明治时，她正在给自己做一份摩洛哥沙拉加金枪鱼意粉，顺便在咖啡的香气中跳了一段布鲁斯。

我选择了这样的生活，在这种生活中不断努力；她选择了那样的生活，在那种生活中远离喧嚣。一切都没有为什么，也没有什么好坏，一切不过是值得。

凭什么？凭你想要这生活 »

夏楠说，她从来没有像现在这样这么喜欢赚钱、向往金钱，对金钱的爱慕程度足以让以前清高的自己去鄙视。

夏楠在大学毕业后，就找了一份人人眼中都很理想的工作。这份工作的确让夏楠自我感觉良好，觉得学以致用、专业对口，唯一的缺点就是工资不高，只能维持她最最基本的生活花销。

除了每月承担的房租、电话费，就只剩下一点儿零钱，甚至维持不了一天的娱乐费用。一旦需要较大笔的开销，她就会用信用卡透支消费。这份工作，夏楠只做了不到一年，就身心疲惫地离职了。

她跟所有人都说是因为工作劳累而辞职了。只是在偶然间的一次只有我和她的聚餐中，夏楠才说，其实她辞职的一个非常重要的原因是她再也不想过这种穷苦的日子了，她决定要过自己想要的生活。

她受够了每个月因为几块钱而斤斤计较，自己喜欢的东西总是买不起，还要自我安慰说这是在为理想而奋斗。但是如果连自己想要的生活都满足不了的话，那对于自己来说，理想到底是什么？

夏楠理所当然地换了一个高薪职业，即使这个职业并不是她喜欢的，但是薪资却是之前的三四倍。她说她并没有想到拿到第一个月的薪资时自己竟然那么兴奋，赶紧跑到商场把早就想得到的名牌包包当场买下送给自己。

生活不再像之前那么穷苦之后，好像整个身体都轻松了很多，丝毫不感到疲惫。夏楠说她一定要承认，她并不是一个清高的人，更不是那些视金钱如粪土的雅士。

其实夏楠业余的时间还是会偶尔地做做以前的工作，但纯属消磨时间罢了。另外，经济上没有了负担，很多事情都顺手了许多。

毕竟我们都只是普通人，把生活经营好了，才有力气去想那些所谓的理想，所谓的诗和远方。

就这样，夏楠放弃了自己喜欢的东西，还有自己在大学苦读四年的专业。她说："我放弃了我喜欢的东西，但是现在我生活得很好，单凭这一点，我就觉得值得，因为现在过的才是我真正想要的生活。"

其实，我认为赚钱并不是一件有多么丢人、多么没面子的事儿。其实赚钱除了能改善生活，也能考察一个人的能力。

一般来讲，赚钱能力强的人，在生活中与人沟通和解决问题的能力肯定不会太差；相反，一个一直赚不到钱的人，要不是对于金钱没有欲望，要不然就是缺乏相应的能力。

换个角度来讲，赚钱能力越强的人经营生活的能力越不会差，所以生活会比较顺心如意。那些一直都赚不到钱的人经营的生活肯定会差一些。所以，赚钱也是改变生活的原动力。

当你明白赚钱其实是一件很不错的事情的时候，就会多给自己留一个赚钱的机会，其实也是给自己留一个改变生活的机会，自然而然也就没了那么多的条条框框，自己想要的理想生活也会冲自己招手。

不管费多少力气，也要努力赚钱得到自己想要的生活。

我身边有一位认识十年的好朋友皮皮。他大学毕业之后选择了一份非常让人反感的职业——销售。几乎所有人听到这个职业之后都会心生厌恶，在大家有限的认知里，总觉得销售就是一个连骗带忽悠满嘴跑火车的行业。

但是皮皮规划了一阵子之后，为了赚更多的钱他还是去一个知名品牌的咖啡公司做了一名销售。

在其他同学早九晚五挤地铁搭公车的时候，皮皮正在全国各地出差、跑业务、开年会。每天见着形形色色的人，签着数不清的销售单。

在之后我跟他的一次小聚上，皮皮还是一如既往的模样，并没有成为我们口中的油嘴滑舌先生。

几年之后，从同学口中得知，皮皮早已经顺利升了职，接手了公司，在我们还带着初入职场的恐惧的时候，皮皮已经凭着自己的销售经验用人生中的第一桶金付了房产的首付，而且准备要结婚。

作为跟他认识多年的好朋友，我也表示不可思议，并对皮皮的能力佩服得五体投地。皮皮说，最开始做销售的时候，其实是考量了自己的能力之后做出的选择。但还有一个原因就是想多赚一些钱，毕竟快结婚的人了，很多事情都要由他来做。婚后生活的质量也是由经济基础决定的，毕竟谁都想要更好的生活。

他说他之所以这么拼命赚钱工作，就是为了想要如今这样的高品质生活。

其实现在想想，那些为了赚钱改变生活而放下高学历帽子的人，还有那些越来越多名校毕业的人去做一些路边摊生意的时候，赚钱在他们手里仿佛也变成了一件有趣又好玩儿的事情。

其实不在意形式，凭自己的知识储备和头脑去赚钱，用赚来的钱享受当下自己想要的美好生活，不好吗?

不管你选择哪种生活方式，你都可以活得很精彩。如果你想要更好的生活，别害怕，大胆去做就是了。

身体和心一个都不能死 »

木木是我认识的一位摄影爱好者，是我朋友的朋友，我们一起去KTV 唱过几次歌。

据说她从很多年前就开始喜欢摄影，还在上学的时候就开始用自己的压岁钱买镜头和相机。后来上了大学有能力了，就自己打工赚钱来买。

在一次跟爸妈的通话中她无意中说道：“我现在花这么多钱来买相机，在之后我一定会用我的相机把这些钱挣回来的。”

当许久之后，我再想起木木说过的这句话的时候，她早已成为一名专业的摄影师了，并且自己已经独立很多年了。

她跟我说，她当时说那句话的时候只是无意中随口一说，没想到最后真的把那句话给实现了。后来我想，可能她早就把摄影师的种子埋藏在她的心里了，只是当时她心中的种子还未发芽，她也还没有察觉到罢了。

木木跟我说，她不顾一切地辞掉当时的工作去圆摄影师的梦的时候，她想了很多天，也做了很多准备和分析。在确认自己不会被饿死的情况下才决定跟着自己的心意做一次试试看，大不了没成功就再回过头来继续做之前的工作罢了。

她还是很幸运的，在这之后的两三个月就接到了摄影工作。之后通过很多找过她的顾客口碑相传，找她拍摄的人日益增多。

她曾经在微博上回答过一些关于自由职业方面的问题，获得了更多人的点赞和支持，这之后也有很多她的粉丝私信问她一些关于这方面的具体问题。

木木跟我说，每个人的人生都是不能被复制的，自己到底想要干什么、能干什么，还是要问问自己的心。没有人能替自己的心做决定，也没有人能阻碍自己身体前进的方向。

其实有些时候，我们听过太多的人跟我们说话，我们自己也说了很多的话。但是杂音太多难免会妨碍自己心底的声音发出来。

如果我们还记挂着自己，就不妨在夜深人静的时候放空身体，让我们的身体努力寻找一下自己心的声音，在漆黑中找寻那件我们心中笃定的事、那个笃定的人、那个笃定的一瞬，如此人生才不会迷茫，我们的身体才不会因为听不到心声而迷路。

再漆黑的夜，也是能寻找到亮光的。

林夕是我的一个闺密，其实她跟我之前的职业一样，是一位平面设计师。虽然她的职业是设计师，爱好却是做饭。

她每天都会拿一大部分时间来研究制作美食。给家人做午餐晚餐，给朋友做零食，每天都乐此不疲。偶然间我在网上浏览过一篇关于美食的文章，我直到现在都很清晰地记得文章的配图是系着小花围裙在厨房中忙碌的林夕。她眼神专注，表情中有一种认真的宁静。

原来，林夕自己开了一间私厨，每天从采购食材到操刀下厨都由她一个人完成，想来吃饭和订餐的人都要提前一天电话预约。我现在忘了那篇文章的具体内容是什么了，只记得当时照片上的林夕有一种很笃定的气场。

人生路长，至少我是这么认为。很多人在睡眼蒙眬的时候就在路上了，走了一段很长的路后猛然间回首，原来之前选择的并非所爱。此刻的迷途知返，才是最有智慧的做法。木木和林夕都不是一开始就做摄影师和厨师工作的，但是这似乎并不妨碍她们两个将自己的过去“推倒重来”。

因为她们的身体追随着他们的心声去寻找属于自己的栖身之地。人生走的每一步路都是没有白走的，很多人会觉得林夕之前做了那么久的设计师，然后一下改行做私厨，岂不是将多年积累的经验白白浪费了。

但是事实是之前她自己做设计师培养起来的用户体察能力，对于一个私厨来说也是很有帮助的。

其实身体和心都在通往梦想的路上。我曾经想象过无数次我自己未来的样子，无非是辉煌璀璨，或者是平静如斯。

如果要让我自己选择的话，我还是喜欢平静一点儿，不被打扰。一个人最好的样子就是宁静一些，平静地聆听自己心中来自远方的呼唤，再不需要回过头去关心那些之前的是是非非，只要可以一直向前走，穿过一个又一个没去过的城市，走过一个又一个没走过的街道，一片又一片蓝天，见证一次又一次的别离。

如果有更美的风景，我相信我的身体还是会追随着我的心继续向前，热切地追逐。总之不管是远行还是驻足，肆意狂欢又或者是安静独处，唯一不变的是生命的遇见，遇见陌生的风景、陌生的人和未知的自己。

人生就像一次旅行，不必在乎目的地，只是欣赏沿途的风景。而人生不能停留，没有终点，我们所路过的地方也许就是当时我们见过的最美丽的风景。但是有时心底有一个坚定的声音告诉自己：也许下个地方会让你死心塌地地停下，不再离开。

很多人在选好的道路上走了一半，突然发现这条路不是自己想要的。有的人浑浑噩噩继续往下走，有些人停下来思索一下，又选择了另一条路。

人生就是一场旅途，我们不能选择终点站，却可以选择沿途的风光。就算选错了又怎样？时间还很长，跟明天比起来，今天永远不算晚。

即使前方的路充满未知与挑战。身体和心，一个都不能死。它们始终在路上，寻找最美的风景。

摒弃一切不必要的依赖和玻璃心 »

婚前，不少女性都会做这样一个选择：是在家当全职太太，还是出去赚钱？

相信有不少人都会选择全职太太。有人是太相信、太依赖自己的先生；也有人是太懒，不愿意出门赚钱。

当然，这两种都不是好现象。

朋友阿花决定和先生分居了，决心是她下的，但真正放不下的也是她。

阿花泪水涟涟，怅然若失，向我诉苦道："谁给他做饭洗衣服？那么多年了，他没有我，一个人能过得好吗？他会不会像我一样也不习惯呢？"

我耐心地告诉她："当时说分开的是你，说放下不再爱的也是你。你放心，他过得一定比你好，你就放下那些所谓的关心吧。"

半个月后，她先生看到她的电话已经懒得接了，而且对她爱搭不理，十分冷淡。一天半夜，阿花突然高烧不退，于是习惯性拨电话过去，对方不带任何感情地回答了她几个字：“自己去医院。”

她这才知道，分居之后，她和她儿子的大事小情都早已与他无关。没人打扰，人家巴不得这么清静，直接享受单身的待遇。

朋友跟我抱怨：“男人真像是风一般，来得快；去得也快；拿得起，放得下。十年的婚姻，我一直占据着主动权，旁人都说我养老公就像养儿子一样。可是他们不知，风水轮流转，不知什么时候就早已转到了另一边，要多快有多快。”

类似的这种戏码还有很多，当女人爱到深处的时候，都会急于把梦想当作现实，但愿长睡不醒。把男人当作依靠，脸上写满了依赖，把他们当作自己的“造梦师”。

他们能轻易地在她们的脑海里植入很多的梦，也同样能轻而易举地让她们的期待和依赖一下子坍塌。

但总有执迷不悟的人，他们选择把自己的一生托付给另一个人，在对方不愿意承受后，反过来再说自己受了伤害。这其实是很不负责的事情。

把自己的人生交给别人，别人就要承担起两个人的人生，这是相当不公平的。

同“直男癌”一样，“直女癌”也是相当可怕的事情。

“直女癌”认为，女人天生就是弱小的，男人就应该照顾她。比如，买单就是男人的事儿，AA 制或让女生付钱，就是男生不懂事儿。还有“男生的力气比女生大，所以你应该帮我拿包”之类的。

结婚之后，“直女癌”认为住老公的房、花老公的钱，而自己在家啥都不干，是世界上最公平的状态。甚至美其名曰：你负责赚钱养家，我负责貌美如花。

“直女癌”被男权思想禁锢久了，她们排斥独立自主、精明强悍的女性；“直男癌”认为女强人缺乏女人味，“直女癌”也觉得女强人太招摇太强势，觉得女强人吃饭还要自己付账是身为女性的耻辱。她们选择了完全依赖的生活，一旦生活受到不稳定因素的影响，她们就会失去生活的来源。

然而，选择当“直女癌”的女性，大部分也是玻璃心患者。她们觉得女性相当弱势，遇到事情就会蛮不讲理地把自己当成受害者，幻想自己是苦情戏的女主角。

我对我朋友说过，没有必要因此就把自己的身份转换成受害者。其实，这种受害者持有的所谓的“玻璃心”，反而是成功路上的阻碍。

有个闺密热恋一个月的男朋友突然就人间蒸发了，没有理由没有

征兆地消失了。就像偶像剧里的情节一样夸张，昨天夜里刚和那个人卿卿我我，起床之后收到一个信息：对不起，我做不到，忘记我吧。

于是她瞬间觉得自己失去了整个世界，自己的人生也在梦醒后瞬间坍塌。闺密跟我说："我放不下他给我的依赖。"

直到一次我们在酒吧遇到了那个"负心汉"的朋友，她以为她是这个世界中被男人用最狠心恶毒的方式甩掉的倒霉女孩。不料他们并不以为然，他们认为女人的内心就是玻璃做的，太过于脆弱，一得知自己的感情世界崩塌，就会上演一哭二闹三上吊的戏码。

很多人都会很容易地将"我爱你"说出口，并且一爱就要爱得"死心塌地"。

其实，真正需要爱的难道不是我们自己吗？每个人都知道要自爱，可是我们真真正正应该要爱的是一个从生到死亡都陪伴着的自己，而不是那些"造梦者"给我们编织的梦，也不是那些"负心汉"给我们留下的依赖。

在漫长的岁月中，我们把太多真实的爱都给了那些虚无的存在，比如那些所谓的依赖和占有欲。我们甚至于用这些虚无的东西扼杀控制那个真正的自我、那颗真正跳动的心，而不是一触即碎的"玻璃心"。

但是也真的只有倦了、累了、疼了、错了，才知道那颗心原本的模样，"玻璃心"不是越保护越让它受伤，不是越懦弱越容易碎。只是我们为什么要让它碎呢？为什么不能让它越保护越强大，越懦弱越坚强呢？

不是掩耳盗铃的天真幼稚，而是那种真正的爱；不是单纯的依赖，不是易碎的玻璃心，而是给予彼此温暖的安静与自在。

为了你想要的生活，你首先需要讨好你自己。对自己说：“放下依赖，放下‘玻璃心’，坚强地站起来吧！摒弃过去的懦弱，选择做内心强大自己。”

你的梦想如今在何方？ »

我高中同学跟我说，他的学校是一个说出来根本就没人听过的破大学。

大一那会儿，每个人都觉得自己进了这个学校就完蛋了，毕业之后也没什么出息，干脆破罐子破摔算了。

只有他不服输，说自己以后要开公司，要创业，而且公司还要在大学毕业的那一年上市。从此之后，大家就赠予他一个外号，“梦想家”。

“梦想家”果真是“迷”得很，刚上大一，他就很少出现在课堂上。他说学校的课太泛泛，根本学不着什么实在的东西。于是，他跑到别人的外教课上，找那些外教和留学生去练口语。同学们看他连做简单的自我介绍都磕磕巴巴的样子，觉得他真的是在做梦。

就这样，到了大一的下半学期。他同学们都在传：“梦想家”休学了。甚至还有人说：“梦想家”去当兼职翻译了。

所有认识他的人，都觉得邀请他当翻译的公司真是见了鬼了，是个人都能当翻译，以为翻译这么好当呢？可是学期末，“梦想家”在团日活动上来了一段英文演讲，真的达到了跟外国人交流的水平了。

大二的脚步临近，这时听跟他熟络的朋友说，“梦想家”去一家公司打工了。很多同学都嗤笑道：“给别人打工？难道他说的创业开公司不了了之了？”

直到大四的时候，他们才得知，“梦想家”在打工期间结识了一位五十多岁的大叔。一段时间之后，这位大叔邀请他一起创业，于是二人都开始筹钱。

当时，他班里有不少同学都收到了他借钱的信息，但就像约好了似的，没有人想借给他。只有外班几个跟他不错的人凑了一笔钱给他，之后就再也没有他的任何信息了。

“梦想家”就这样凭空消失了，他身边的人都说，那几个借钱给他的外班同学上当了。

直到几年之后，大家才得知他的公司真的上市了，虽然比他预计的晚了两年，但也是实现了。随后大家问他消失的这段时间去了哪里，他说他在筹备公司的同时顺带给别人打工来维持自己的生活，虽然并不是特别高的薪水，但是养活自己足够，并且有条件让自己去享受生活。

那个跟他合作的大叔教会了他很多东西，他对“梦想家”说如果连自己的生活都经营不善的话，就更别说去经营公司了。所以，他消失的这段时间，是拼命地赚钱和去学习如何经营自己的生活，而不是为了新公司去筹钱。

你觉得对于实现梦想为时已晚的时候，恰恰是最早的时候。

“梦想家”不傻，也不迷，他从一开始就知道自己想选一条怎样的道路。

一群迷茫的大学生，笑话一个有梦想、有追求的人，这本身才是件好笑的事。

现如今，我们变得越来越羞于谈梦想了，甚至都羞于去谈自己的生活。当别人问起我们的梦想的时候，更多的是迷茫。

当下，很少再有人拿“梦想”这两个字去高谈阔论了，“梦想”似乎只是在舞台上才会出现的词语。而我们的生活，就像我们的收入一样，仿佛成为了自己的隐私。

为什么在生活中突然就没有人愿意谈梦想了？因为我们害怕呀，害怕一个连生活都经营不好的人，说梦想会被人嘲笑。就算说了，也不会换来仰慕，而是对方的一句：“你能不能分清梦想和现实？”

什么是现实？生活就是现实的写照，当我们羞愧得说不出梦想的时候，不正是因为我们底气不足，知道我们的实力经营不了我们的梦想吗？其实并不是因为我们不说梦想，而是我们没有实力来经营好自己当下的生活，那又拿什么资本去经营遥不可及的梦想呢？

sunshine组合刚刚面向大众媒体的时候，大家对于这个组合冷嘲热讽：“长成这样还能当网红？”“能再丑点吗？”。

可人家选择了当明星的路，也在为了当明星而努力着，这有什么好嘲笑的呢？如果是你，未必会比她们做得更好。

至少她们可以强大地走自己选的路，至少她们敢大声地把自己的梦想说出来，至少她们能清楚地知道她们的梦想是什么，至少她们能把自己的生活经营好，让大家关注，最后能成为明星。

对于她们来说，这就实现了她们的梦想了。

人有了物质才有了生活，人有了生活才能谈理想。

在生活环境、社会环境的变化之下，我们早该适应如今社会的这种生活状态了，要么没有梦想，要么提升能力。而我，我毫不犹豫地选择了后者。

哪怕梦想遥不可及，也要努力一步一步去接近它，哪怕生活再艰辛，也要学着安顿好，不是吗？都什么年代了，难道还能被生活打倒了不成？

人生会有三次跳跃进式的成长。

第一次成长是发现自己已经生存不下去却还为了生活奋力拼搏的时候。

第二次成长是不管怎么努力赚钱、怎么改变自己，都觉得不会靠近梦想，但还是会对生活抱有一丝期望的时候。

第三次成长是已经知道有些事情的结局难以改变，有些梦想实现起来并不容易，但还是依然愿意经营好生活，为梦想而努力的时候。

所以我们不要在还没好好经营生活的时候就让生活先夺走我们追寻梦想的光芒。安顿好生活再谈理想，这很重要。

不要在最初的岔路口就停滞不前。即便选错了也无妨，人永远不怕在路上。

“功利性”的友谊怎么了？ »

前两天，落落突然被一个自认为她在这一年里最好的朋友发朋友圈讽刺了。

他的原话大概是："经常有人问我怎么突然变得这么冷漠，那我现在就告诉你们，你们又不拿真心出来交朋友，老子热脸贴冷屁股贴得心寒不行吗？"

对，落落就是那个被讽刺是冷屁股的人！作为一个想当年被好几个人说交朋友特别真，感觉都是把心掏出来的人，她竟然一时无言以对。

事情起因大概就是，落落作为一个"拖延症晚期患者"，在别人论文都交了"八百年"进入期末总复习的时候，她还是苦兮兮地跟在学姐的屁股后面改论文。

她忙得差不多了，打算关心一下自己的小伙伴，却发现她们全是用同一张冷漠的脸对着她。

首先，落落开始试着用厚颜无耻的精神若无其事地强势插入，然而这对于她们来说并不起任何作用。无比耿直的她，只好开门见山："你们最近是不是对我有意见啊，为什么？"

她们对落落说道："我觉得你交朋友不走心，没有事基本不会联系我们，一旦联系我们，不是有问题，就是让我们帮忙占座签到……我们不想你只在有事的时候才来找我们，没事的时候就谁也不管不顾，只是自己忙自己的。如果这样的话，那么我们对于你来说只是'功利性'朋友罢了，并非好朋友。"

落落听后突然陷入了沉思，这么多年，她身边的朋友来了又散，真正随时间沉淀下来的好像两个手差不多也够数过来，突然发现这些人都是些所谓的"功利性"朋友。

微信通讯录里面静悄悄躺着的好多个僵尸好友，有的多达几个月都不会问候，而一旦联系，大部分话题的开启都是各种各样的有求于人：

落落姐啊，你是不是研究 ××× 的，快发点儿资料给我。

落落啊，会不会做这个表格啊？快帮我弄一下。

落落啊，我要买这个能不能帮我带啊？

简直单刀直入一点儿铺垫都没有，觉得特别理所当然。

大概所有的朋友都是从伙伴开始的吧，一开始"伴"很重要，整天腻腻歪歪黏在一起形影不离。而我们所谓友谊的小船，都是在还没有腻歪在一起之后，不知不觉中升级为巨轮。那些无法抵挡时间空间距离的小船自然也慢慢沉入深海，偶尔也会闪现一会儿。

当我们还年轻的时候，想对整个世界都尽量展现出最大的友善，交起朋友来也是"用力过猛"。慢慢地，突然越来越觉得力不从心了，交朋友似乎也变成了一件极其困难的事情。

想要面面俱到照顾好每个人的情绪，想要跟得上每个人的谈话，想要融入每一个小集体，都变成了一件需要耗费大量心力的事情。大多数时候甚至还不如自己一个人来得自在快活，偶然遇到一个相处起来没什么压力能畅所欲言的人，简直就像中了彩票一样。

突然发现找一个臭味相投的朋友其难度不亚于找对象。

其实话又说回来，俗话说：交朋友易，守朋友难。这次更发现"功利性"朋友的可贵。平时无事大家都各忙各的，偶尔互撩调节一下心情，没有人回应也不会觉得友谊的小船会因此搁浅。

在条件允许的时候，榨干"功利性"朋友的每一点价值就是一个天经地义的选择，更棒的是没有一个人会有怨言。这就是我们友谊得以升级为巨轮的谜之相处模式。对，我们就是要这样"厚颜

无耻”。

“功利性”的友谊怎么了?

在形容友谊的时候，我通常会用一个极酸的句子：朋友，相信我是你最坚实的后盾。

我有一个高中的好基友，我跟她大概维持一学期聊一次的频率，之前得有个一两年没有联系了。

前段时间，无聊的我寂寞难耐，莫名又勾搭上了同是天涯沦落人的她，吐吐槽：“找工作好难啊，毕了业找不到自己喜欢的工作压力好大啊！”她突然一本正经地说：“实在不行就到我这边来，我罩着你，我这边不错”。

不知为什么，听到这句话的那一瞬间我真的被感动到了。

总而言之，我们得珍惜身边的每一位“功利性”朋友。

其实我觉得“功利性”的友情也是人生中难得的一笔受益匪浅的储蓄。

当然，我承认“功利性”是与金钱和利益挂钩的。生活中我们难免会遇到一些困难是只有金钱才能解决的，毕竟也有凭我们的一己之力解决不了问题的时候，往往这个时候，我们脑海里跳过的，就是我们储备的“功利性”的朋友。

而后，他们会倾囊相助，从而使我们一时的困难得以化解，从困境中走出来。真正的友情并不是单向支取，而是双向的付出。当我们的“功利性”朋友遇到问题需要我们的时候，我们必将也会无条件地付出。

如此看来，大部分的友谊还都是带有几分“功利性”的。这种

"功利性"通过我们彼此之间的积累不断地加重其重量，从而铸造了我们坚韧不催的"功利性"友情。正是这种我们之间的"功利性"关系，让我们的友情得以永远地储蓄下去，不好吗？

选一个"功利性"的朋友，其实没什么不好。

关于选择，你敢吗？ »

跟大学舍友一起喝咖啡，她从口袋里拎出一件衣服，对我说：“看见没，这是姐当年考研的战服。”

当时，她为了留在北京考研，特意去商场挑选了一件自己喜欢的衣服，就像要去打仗一样，并且给它起了一个很霸气的名字，叫作“战服”。

我问：“那你后来考上了吗？”

她说：“并没有如我愿呀。”

随即我们相视而笑，后来我们都没有再去讨论跟考研有关的事情，然而“战服”这两个字让我至今都记忆犹新。

其实我挺佩服我那个朋友的。有的时候，我们自己能去主动地选择一些事情，敢于作出自己的决定，并且能承担一切后果，我觉得这并不是一件多么容易的事情。相比主动的选择，被动的等待就让人省了力气。

但是想想看，要是不敢给自己一次选择的机会，不敢给自己一次

“穿战服”的机会，或许永远都不会知道在自己的人生道路上掌握主动权是一种什么滋味。

前年年底电影院上映《老炮儿》，我跟很多朋友专程去看首映。大家对这部电影褒贬不一，说什么的都有。不过至少我觉得冯小刚导演的演技是实至名归的。

我喜欢《老炮儿》的原因其实再简单不过，因为人生中很多时刻是需要我们披上“战服”的。电影中那件军绿色呢子将校服就是六爷的“战服”。正是因为这件“战服”塑造出了六爷的不凡气场。披着“战服”，带着六爷的气场，自己对自己说：“走，放胆去搏一次。”

要我说，管他呢，至少敢拼才会赢，别说是“战服”了，就算是“铠甲”我也愿意披，因为我敢！

有部电视剧很多年轻人去追，叫《太阳的后裔》。韩国偶像剧中出现了一位在恋爱中占据主动权的女人，让很多人对此都非常讶异。正是因为这个原因，才让这部剧一时大火。

当一位成熟女性在恋爱中觉得自己的恋爱对象与自己的价值观产生极大冲突的时候，她会理智地选择分手。这类成熟女性不会是被动的角色，而是时刻把握先机，她们永远是掌握主动权的那一方。对于自己的价值观，她们在任何人面前都敢于保护它。无论什么时候，她们都敢于对自己负责。

墨墨是我的朋友中深藏不露但也不怎么出众的一个人。她永远不会在聚会上崭露头角，即便是去了，也会自己安静地找一个角落看着热闹非凡的我们。

在她还小的时候她的父母就一直忙于工作，所以，墨墨从那时候开始就由奶奶来带，等到上小学之后她才开始回到父母身边。

墨墨本质上其实是个很柔弱的女生，而在学校却是一个大姐大的形象，她说这个地位是她自己努力得到的。她个子很小，而且总不给人好脸色看，所以很多男生总是“捉弄”她。

刚开始的时候，墨墨并没有反抗也没有采取措施，只是单纯地不理和忍受，直到她被“捉弄”的次数多了，她才决定开始行动。

在一次放学之后她把捉弄她的领头人给教训了一顿。此后，墨墨小学六年一直是一个高傲的大姐大的形象。

墨墨跟我说，别看她体型柔弱瘦小，其实她很小的时候就是一位战士。小时候跟那些淘气的男孩子一起打仗，长大些了就为那些备受欺负的小女孩打抱不平。

墨墨的前男友是外地人，两个人感情甚好，前段时间正准备谈婚论嫁。但是墨墨的父母并不想找一个外地的女婿，为此双方僵持了很长一段时间。

后来的几个月我才知道，墨墨毅然地分手了。她说她不想让他身处于一段可以轻易被地域歧视毁掉的感情世界里，也不想让他处于一个不接受他的家庭之中。

我想，正是因为爱，墨墨才敢放弃吧。在墨墨的那段感情中，她就像是一个主动披上战服的战士，一个人作战，勇敢地主动出击，能承担自己选择之后所带来的结果，敢于面对自己。

真正的勇士，敢于承担与面对一切后果。

世界上是没有后悔药的。如果真的有的话，自己就可以将人生重新来过，但也同时证明了自己的失败与懦弱，再怎么选择注定还是以失败和懦弱收场。

在我看来，就算真的得到了后悔药，也只是治标不治本，因为自己的懦弱而不敢承担随之而来的责任，也承担不起所作决定而产生的一切后果，而后必定会心生懊悔，从而作出另一种选择。

作了另一种选择之后亦也不能为出现的责任和后果负责，再次心生悔意。于是就这样进入一种恶性循环之中，不敢直面自己的人生，不敢扛起自己的责任，一味地选择去躲避。带着心中的羞愧去躲一辈子，却发现自己根本就逃不掉，只能甘愿做自己内心的囚犯和命运的奴隶。日夜倍受煎熬、堕落沉沦、永远找不到尽头。

人生也好比一个赌场，不一样的是，庄家决定你的命运，赌客手上的筹码换成了你的人生。逃避不是我的风格，对于懦弱的人来说从来都是不屑一顾，又不甘承认自己失败弃子认输，更不可能自动弃权。

真的输了吗？我不斗地主，不打麻将，不推牌九，也不炸金花，所有与赌有关的名称都与我绝缘。但是，现在我才发现，其实我才是这个世界上最疯狂的一个赌徒，我在一局还没开盘前就已经知道这是一个必输的赌局里，还是毫不犹豫地赌上了我生命的全部。

目的只是想教训一下庄家那张以为全局操控、自以为是的嘴脸。我拿着庄家给的运气在和庄家斗，这算不算是世界上最疯狂的赌徒？抑或我是最傻的一个赌客？那么，就放手一搏吧！

我手里最大的底牌，就是：“我敢！”

人生并没有彩排的机会，也没有从头再来的机会；人生并不是盖高楼大厦，某个环节出了问题，可以拆掉推倒重建；人生也不是朋友之间的请客吃饭，它只能AA制，自己为自己的后果买单。人生的船早已经扬帆起航了。

就如泼出去的水一样，身为船长的自己请把握好航向。不要回头；如若回头，必将覆水难收。如果开辟一条前所未有的新航向，当行到终点时能得到什么样的收获，都不要为此大惊小怪。

有可能会它让你欣喜若狂，也有可能跟来时一模一样。静悄悄地来，静悄悄地走，得不到一丝云彩。不过也不必介怀自己的一无所获。

自己敢于开辟出一条属于自己的路并坚持航行到最后，就已经是众人眼中的佼佼者。为自己的人生付出汗水与泪水，不管结果如何，我只求问心无愧就好了。

当有朝一日我站在众人面前迎接他们所谓的世俗眼光的时候，我可以披着属于我的“战服”满怀骄傲地说：“对于选择，你敢吗？我敢！”

Part 4

有些“南墙”请你走近看

工作不一定是为了赚钱 »

朋友洛洛在大学学的是财经专业，毕业后，他很幸运地考入了国有四大银行之一，并且留在了大学所在的城市。

他老家的亲朋好友都羡慕洛洛的父母有这么个好儿子。洛洛在家里有出息，在同学圈子里也是被羡慕的对象，他对以后的生活充满了期望。

一晃三年，备受推崇的洛洛却在大家的反对和质疑声中，选择辞掉了银行的工作。

洛洛的岗位是银行柜员，每天的生活都很枯燥，日复一日地办理手续。而且，自己所在的分行在小区的周边，大多时间面对的是不停念叨的大叔大妈，就算再怎么不耐烦，也得表现得不厌其烦。

日子久了，他开始觉得上班是非常折磨人的一件事，想晋升想调岗，但是如今没有社会关系哪有那么容易。加上每个月的存款任务，压力大得自己每天都彻夜难眠。

洛洛原本还想再试一段时间，但又怕出去找不到好工作。转眼间就熬了三年，发现等待时间越长对自己就越丧失信心，也错过了很多机会。

他开始觉得，自己当初的选择错了，他开始看不到希望了。

虽然银行薪资和福利真的是很让人羡慕，但是难道为了赚钱就要忍耐一辈子吗？其实并不是。自己想要两全其美，但现在出去，也不知道应该做些什么。

他只想离开这个环境，找个自己真的想要做的自己喜欢的事情，而并不想因为赚钱就忍受这种无尽的煎熬。

银行柜员在大众眼里就是普通人梦寐以求的工作代表之一：工作稳定，高薪好福利，光鲜体面。在这个竞争激烈，高学历大学生找工作都极其艰难的时代，谁家孩子在银行上班，大家第一反应就是：这孩子真有出息，以后生活不用愁啦。可是又有谁知后面的辛酸与痛苦呢？

洛洛最初选择银行，也是奔着银行柜员的好名声而去的，最后却这般惨淡地收场。

他后悔最初没搞清楚岗位情况，也后悔没问问自己，是否真的喜欢做这件事情？是否适合？是否能承受这么重的压力？

对于洛洛来说，他对银行柜台工作从内心里排斥，没有工作动力，再高的薪酬福利也失去了意义。换句话说，这三年的坚持并没有让他真正地实现自我价值。

工作并不是为了赚钱，是为了自己。

洛洛最终还是选择了辞职，虽然这次只是一个小小的职员，起点并不是很高，但是希望在远方。时代在变化，如今找工作已经不仅仅是生存糊口那样简单了。

选择什么样的工作，就代表选择什么样的人生。

一份工作其实牵连甚广，所以在选择前，还是需要考虑更多的自身的因素。在理想和现实中找到平衡点，在高薪与自身能力中找到平衡点，才能做到持之以恒，从而在快乐的工作中实现自己的梦想和价值。

工作不是为了赚钱，而是你喜欢它，你喜欢这个工作，你喜欢做这件事情，那是最大的激情，最大的动力所在。如果你为了挣钱，那么永远有比你想的更挣钱的买卖。

一个人步入社会工作是天经地义的一件事，但是不要把想赚钱当成工作的一个目的，任何一切以赚钱为最终目的而工作的人往往都不是那些赚大钱的人。

一个人常常陷入了一种空洞中，因为他并不了解工作的目的到底是什么。似乎工作只是为了赚钱，赚钱只是为了享受，享受过后发现口袋里还是空空如也。

当你踏上社会之后，你会选择一种符合自己的生活方式，那个时候你的工资还不是很多，你无法享受工作带给你的快乐，你只会感受到生活带给你的压力。

经过一段时间的成长，你有了足够的工资收入，你这个时候想的就是换掉那个该死的合租房，找一间单身公寓；换掉那些整天吃了让自己倒胃口的快餐，找一些风味餐厅。

现在越来越多的人似乎觉得工作的意义是为了赚钱，工作的意义是为了高薪，那么高薪有什么意义呢？不要把拿高薪当成工作唯一的目标，而忽视了自己的职业目标和内在潜质。

只为赚钱而工作不是明智的人生选择，没有长期的打算，结果受害最深的往往是自己。如果以一种更为积极的心态对待工作，从中获得的就不仅仅是薪水了。

很多刚踏入社会的年轻人，他们对自己充满了很高的期望，他们觉得自己有学历、有知识、有资本，应该立刻得到一个薪水丰厚、职位显赫的工作。

在他们眼中，赚钱的多少成了一种衡量成功与失败的标准。事实上他们没有什么工作经验，既然这样，他们又凭什么向老板索取高薪呢?

他们工作时缺乏信心、缺乏激情，他们以应付的姿态对待一切，只是单纯地以赚钱为目的，能偷懒就偷懒，能逃避就逃避，他们以此来表示对老板的抱怨。他们工作仅仅是为了对得起这份工资，而忽视了在工资背后他们已然失去了更多。他们放弃了比赚钱更重要的东西。

选择一定要慎重，否则浪费的不只是时间，还有你的情绪和心气。工作并不一定为了赚钱。比赚钱更为重要的，是实现我们自己的价值与梦想。

坚持其实是不打折的奢侈品 »

好友姚姚在读大三的时候，就四处找兼职实习了。

当时，她找到了一家很不错的实习单位，这家单位是美院附近一个很有名的画廊。她勤劳勇敢、任劳任怨，再加上自身非常有灵气，让她一直都是实习生里表现最好的人。

由于姚姚资质好，还肯努力，加上当时的画廊正好需要新人。于是画廊的负责人告诉姚姚，他们画廊打算留下她，让她好好准备一下简历，只要人力资源部门没有什么问题，那么她毕业之后就是他们的同事了。

夸张点儿说，对于学艺术出身的孩子们，那个画廊就是备受膜拜的工作场所。很多在绘画方面颇具天赋的人，都对这个画廊梦寐以求。

这几年，毕业生的就业形势有些惨淡，姚姚跟我说，她听到画廊愿意把她留下的消息后，幸福得快要晕倒了。

姚姚说，这份工作不是她最喜欢的，但正是她想要的，她愿意去做。

一直以来，姚姚的工作要求就是要图个稳定。她希望找一份收入稳定的工作，以后能安稳地生活，能自己养活自己，能买得起自己喜欢的一切。

当然，稳定也是需要资本的，姚姚选择了画廊，前几年真的是在熬。

她不但要给著名画师当助手，还要沏茶倒水，筹办画展，保养画品。

姚姚开始犹豫了，她问我：“我是不是选错了？当初大家挤破头都想进这家画廊，但是画廊的工作实在太烦琐，我这么劳碌，还不如选一个收入更高的外企。”

工作也是人生大事，所以我不知道应该如何劝她。

好在姚姚是个意志坚定的姑娘，她吐槽了一番，又安心回归正轨了。

姚姚叹了口气，说：“路是自己选的，我在这个单位，照样能活得精彩！”

这句话就像她人生的预言，在熬过最开始的那几年后，姚姚积累了足够的能力和丰富的工作经验。她就这样真的稳定下来了。

姚姚说：“到了那时候，当你能一个人满足自己想要的一切的时候，你就会体会到最初坚持下去的意义了。”

有位长辈的经历让我很有感触。他是二十世纪七十年代的高中毕业生，在当时的农村，他也算是知识分子。毕业后，他在学校从事数年教育工作，但由于待遇低，且不能照顾家里，他在人生的十字路口选择了放弃。

随后几年，他又在煤矿做了工人，同样由于种种原因选择回家。

二十年过后，之前的同事、工友在原来的岗位上都过得相当滋润。而自己忙忙碌碌已步入暮年，唯一的寄托就是希望子女能过上好日子。

有些人说“这就是命”，但事实并非如此。原因很简单，没有坚持，那你想要的一切都不配拥有。

选择坚持，其实是选择不打折的奢侈品。如果没有坚持，你再想得到它，它也不会属于你。

坚持是什么？我想我们最常听的就是“坚持就是胜利”。

这句话在当下听起来有点儿俗，但我还是感觉很有道理。坚持了就不会有遗憾，坚持的过程就是我们值得为此坚持的。

这就像我们逛商场，无意间看中了一件喜欢的奢侈品，但是我们当时并没有能力去支付它，于是我们下定决心：有一天一定要把它带回家。在这个“坚持拥有”的选择下，我们所承受的、我们磨炼的都将是方方面面。

正是这份最初的“坚持拥有”，才使得最后我们实现最初的愿望，那件自己喜欢的奢侈品终将归属于自己。

当我们选择把这份坚持加在中意的物品上，我们就会有一种很强大的成就感。

不敢选择坚持的人，就如像墙头草一般。他们看见哪里好、看见哪里热闹，就往哪里跑。但他们的结果也将是一事无成，最后两手空空，什么都得不到。

能登上金字塔顶的只有两种动物，一种是老鹰，一种是蜗牛。

老鹰飞上金字塔，并不能算是多么伟大的一件事情，因为它有雄健的翅膀，而蜗牛爬上金字塔，这的确很让人心生钦佩。只有坚持不懈的努力，才能弥补先天造成的差距。

自然界的雄鹰并不多，如果我们没有雄鹰一样的翅膀，那么我们就甘于选择平庸，选择碌碌无为吗？不，我们不妨学学蜗牛，即使普通，也能一步一步坚持爬到塔顶，观望顶端最美丽的风景。

选择坚持，就在于忍耐坚持的过程。

坚持是一种精神，也正因为这种精神，我们的人生越是艰难，就越是自信；越是失败，就越是屡败屡战，最终苦尽甘来。

选择坚持，其实也是对人生负责的态度。人生不如意十有八九。当我们向往“如我所爱，无怨无悔”，当我们追求想要的生活，并且想得到我们梦寐以求的东西时，或许会遭遇到“理想很丰满，现实很骨感”的困境。

也许当初的专业并非我们所爱，也许现

在的工作并非我们所爱，但我们还能坚持，在当初的选择中走下去。

无论你当初选择了什么，都能通过坚持不懈，得到你渴望的东西。

我们有责任为了我们和家人更好的生活而坚持，我们有责任让我们为了想要拥有的东西而坚持。

坚持是不打折的奢侈品，所以我们更要加倍努力，不是吗？

凌晨十二点的星空 »

小乙上大学的时候，选择当一名十足的“混世魔王”。那时候，全班同学对他的印象就是：成天旷课，上课就睡觉，要不就在网吧窝一整天。

大学毕业那年，他那离婚之后又复婚，复婚之后又要离婚的父母，这次真的决定彻底分开了。

那年夏天，小乙的父亲跟人赌球，输掉了全部家产，还负债四十万，一个人躲到天津避风头。他母亲经不起一波又一波人催债，独自一个人从老房子里搬出来。

年近六十的母亲和外婆，就一起挤在租来的破地下室里。小乙给家里打电话问她跟外婆的情况时，她总是笑着说一切都很好，让他不要担心她们。

有一次，小乙的大姨给他打电话，把他母亲和外婆的情况一股脑说了出来。那时他才知道，她母亲跟外婆一直在骗他，其实她们过得很艰难，只是把谎话说得天衣无缝。

很多人都不懂没有房子、无家可归是怎样一种惨痛的感受。然而，比没有房子更加可悲的是，当你不再年轻，还要和老妈和外婆在一起相依为命的时候，三个人一起无家可归地艰难度日。

小乙从学校跑回家，才发现母亲每天夜里都难以入睡，甚至都不敢从潮湿破旧的地下室里走出去。她害怕，怕遇到熟人会问个不停，也怕得到同情。

小乙知道，像他母亲那么要强好胜的性格，最不需要也最不想得到的就是同情。

这件事之后，小乙便收起了他的“混世魔王”形象，用我们的话说，就是选择重新做人。

他面试了几家公司都没有什么结果，但他锲而不舍，最终在报社找到一份稳定的工作。刚报到时，他就对新闻部的领导说：“以后只要有活儿就叫我”。

之后，他创造了很多变态的工作记录：每周写十二个版的新闻稿，每周写七八万字。

有一次，我们叫他出来聚一聚，他拒绝了。当时，他已经泡在办公室四十八小时，就为了把一篇新闻稿熬出来。小乙身心俱疲地加班写稿子改策划，就为了把广告软文完成，然后拿到那三千块的奖金。

那段时间，小乙每天都能看到凌晨十二点的夜空。他就像一台疯狂工作的机器，仿佛一夜之间长大了不少。

他说，他闲暇之余就仰望窗外的夜空，当看到天际中繁星点点的时候，有个内心的声音告诉他：我要让母亲和外婆住上好房子。

这就是他的选择。

小乙的母亲过生日，他给母亲包了两万块钱的红包。母亲连连拒绝，一再说不用，但却笑得花枝招展。

这就是选择的力量吧。小乙再也不是当初的“混世魔王”，他让自己的母亲有了向人炫耀自己儿子的资本，再也不用躲躲藏藏，再也不用住破旧潮湿的出租屋，让母亲过上了想买什么就买什么的生活，再也不被生活的穷困潦倒所打倒。

他选择努力，这就是他的收获。

有人说，努力的意义，就是为了让自己成功的速度超越过父母老去的速度。当我们成功的时候，再回望背后那些心酸，那段痛苦的工作状态，那些我们熬夜加班之时陪伴着我们的夜空。你会发现，一切都是值得的。

选择凌晨十二点的夜空，能给我们人生上一堂重要的课：成长。

我的一位同事，是 1993 年生的小姑娘。来我们单位之前，她的父母一度想让她考公务员。他们认为，公务员的工作清闲、稳定，收入高，如果再嫁个有钱人，好好生活，什么都不用自己操心，那女儿的人生就圆满幸福了。

于是，她每天都要承受父母对她的相劝和叨念。她父亲对她不接受家里的安排相当不满，甚至当着亲戚朋友的面说再也不认这个不孝的女儿。

如今，她还是拒绝了家里的安排，毅然选择自己的工作。每天工作十几个小时，有时候深夜十二点还在公司加班，为的就是想要跟父母证明，做自己喜欢的工作，干自己喜欢的事情，再辛苦也值得。虽然很辛苦，但是可以学到很多东西，靠自己也同样可以挣到很多钱，而不是去靠着别人怎么样。何况自己有手有脚，又凭什么靠别人养活自己呢？自己的人生道路为什么要让别人替自己选择呢？她跟我说，深夜十二点还在工作的确是很辛苦，身心疲惫，但是当她抬头仰望凌晨十二点的星空的时候，繁星闪耀，一闪一闪仿佛是在为她欢呼，为她的努力而欢呼，为她的成长而欢呼。

每个人都有自己必须做出选择的事。就像小乙为改善父母的住所，选择拼命工作；1993 年生的小妹子，为否定父母给她的规划，立志在单位做出一番事业。

有时候，一夜之间的事情就足以让人去成长，去领悟。

虽然加班熬夜是家常便饭，但是正是这些在深夜工作中懂得享受凌晨十二点的星空的人，才更会生活。对于他们来说，加班到深夜是一件浪漫的事情，当我们换一种眼光去审视它时候，原来梦寐以求的工作状态，就是这个样子。

当你需要改变时，不妨选择看看凌晨十二点的星空。

确定是迷茫而不是太闲吗？ »

大部分人都会遇到这种情况：

今天决定要完成的读书任务，翻开书看一看，再拍张照片，然后发个朋友圈打卡，接着等待着点赞评论，再抽个时间回复评论。时间一点一点过去了，直到洗漱睡觉时你才发现，早上翻开的那一页书，一整天都没有动过。

有时候打算早起学英语，看了看时间还早着呢，想说找个电影看吧。看完电影后，就又会想，还是玩会儿游戏算了。等游戏玩得差不多了，一看时间，凌晨十二点了。算了，还是明天再学英语吧，反正也不差这一天。

我们给自己找到了很多的借口，什么拖延症啊，懒癌晚期啊，人生得意须尽欢啊……五花八门，各式各样。当然，这些借口也都说得过去，还附带着勇于自嘲的幽默感。

但借口过后，我们会哭喊着说：“哎，其实我也是想去改变的啊”，“妈呀，我觉得我好迷茫也好无助啊，我好惆怅无奈”，“我也不想这样的，我想做得更好但就是找不到方向。”

再然后，我们仍然在原地打转，止步不前。

很多人把这种处境“甩锅”给迷茫，我不禁想替迷茫喊冤。造成这一系列结果的原因，只是因为你选择了一条太过清闲的路。

有人问：“为什么我总感到太闲了呢？”因为你缺乏让自己忙起来的自制力。

说白了，就是你控制不住自己。明明有很多事情要做，但就觉得不知该干什么好，到最后，你就会感到很迷茫。

晚上，资料室的妹子给我发微信，跟我说她总是控制不住自己，明明打算好好完成工作，但就是每隔几分钟就想刷一下朋友圈，每隔几分钟就要看一眼手机。她也知道自己这样不对，也想要改变，也想努力工作，但她就是做不到。

我告诉她：“你并不是做不到，你只是在两条路中选择了更好走的一条。”

其实，我们每个人都会遇到这样的问题。关键在你是否拥有强大的自制力，能让自己忙碌起来，然后去克服我们嘴里所谓的“迷茫”。

我们每时每刻都在刷朋友圈，刷微博，刷各种社交 APP。仿佛只有这样，才能找到你的存在感和充实感。其实，这就是现在人常说的刷“存在感”。

什么“迷茫”“不知道路在何方”，不过是我们给自己选择清闲而找的借口罢了。

我周末在家休息时，想给浴室和玄关铺上防滑地垫。就是这么简单的一件事，我却足足用了一整天。事后，我反思了一下，就算是整体大扫除，也用不了一整天的时间吧？

我先慢条斯理地选了一件居家服，然后上网易云音乐加了几个喜欢的歌单，又刷了一遍微博和朋友圈，顺便给自己煮了一壶咖啡。

在一切准备就绪时，我突然想到今天的手游还没有登录，在铺防滑垫和玩两局游戏上，我几乎没怎么犹豫就选择了后者。打完游戏后，我有点儿困了，想着今天还有半天的休息时间，于是选择了睡个午觉再工作。

当我彻底把防滑垫铺好时，天都已经黑了。

归根结底，就是我选择清闲的方式，导致耽误了正事。

有个刚来单位的小妹子，让我印象特别深刻。倒不是因为她干了一段时间就辞职了，而是她对我们说了一些经历，让我有些感慨。

她说在高考的时候，她也不知道自己究竟喜欢什么，于是听父母的话去学了法律。大一刚开始，她就发现自己不喜欢这个专业，于是不愿认真学习，成绩也一直垫底。中途，她想换到别的系。

她想，只要找到自己喜欢的事，自己就会努力了。

谁知她打听了一下，发现换专业特别难，不但对成绩有要求，还有其他烦琐的手续，于是她就放弃了。到了大四找工作的时候，她才发现自己很难找到像样的工作。

她成绩一直垫底，律师事务所又都想找有经验的，她觉得这帮人太势利。她找了一家事务所，干了半年多，发现自己只能打杂，学不到东西，于是愤然辞职了。

后来，她偶然看到一个编剧招聘启事，觉得自己有点儿希望了。因为她从小到大都很喜欢看电视，所以想去试试，不过也不确定自己能不能做好。她觉得特别迷茫，看不到方向。

后来她去面试编剧。面试官问了她一个问题："你觉得你可以当编剧，那你做了什么相关准备？"她当场就蒙了，说："我就是不知道从何做起。"后来面试官说："那你知道世界上有百度和知乎吗？知乎有很多编剧大神专门分享经验。至少你应该先去买几本编剧的书，了解一下入门知识吧？"

不只是她，很多年轻人都有这个毛病。

就拿这个小姑娘来说，她是真不喜欢自己的专业，还是不喜欢为了喜欢的专业努力呢？我们经常会把不擅长某事，统统称作"不喜欢"，把挫败感称为"厌恶感"。

就像吃不到葡萄的狐狸一样。我们不是不喜欢这个专业，我们只是不喜欢不好的结果罢了。于是，我们就陷入了无尽的恶性循环

之中。

我告诉她，用人单位需要有经验的员工，这是一件很正常的事。你觉得打杂学不到东西，只是因为你怕麻烦，所以选择不学。别说打杂了，就算打扫厕所也能学到东西。

经常把迷茫挂在嘴边，只是因为自己选择了轻松的路。这类人急于求成，渴望成功，想当老板，却又不愿意踏踏实实去努力。知道有的人能成功而你却为什么不行吗？因为别人把你浪费在迷茫上的时间拿去努力了。

不要轻易把“迷茫”二字说出口，你嘴里的迷茫，只是因为选择了悠闲的生活。

低头怎么了？王冠可以再捡起来 »

我有位客户，他是行业里很出名的建筑商。年轻时，他曾开过一家公司，但摸爬滚打多年后，事业不但没有一丝起色，最后还以破产告终。

在穷困潦倒之际，他漫无目的地在街头闲逛。路过报亭，他买了一份报纸随便翻看。看着看着，突然眼前一亮，报纸上的一段话如电光石火般击中他的心灵——少拿两分。

之后，他筹集了一万元本金，准备再战商场。这次，他的生意开始顺风顺水起来。从杂货铺到水泥厂，从包工头到建筑商。短短几年内，他的资产就突破一亿元。随后，他的资产很快又突破十亿，创造了一个商业神话。

很多人都对他的秘诀云里雾里，莫名其妙。

他曾跟我解释说，当年看报纸，其中有一小段话让他恍然大悟：若有机会能和别人合作，假如你拿七分合理，八分也能够，那就最好拿六分。这其实并非一个赚钱的方法，却包含了一个为人处世的原则和道理。

细想一下，如果总是让别人多赚两分，每个人都知道和他合作会占便宜，就会有更多的人愿意和他合作。虽然他只拿六分，生意却多了一百个，假如拿八分的话，一百个会变成十个。

虽然这是一个商业小故事，但其实是让我们学会与人合作时的态度。一味以自我为中心或姿态高傲，将会失去很多宝贵的机会。

如同我们都见过的麦穗一样，成熟之时，硕果累累，却依旧低着头。似乎应验一句俗话："低头的是麦子，昂头的是秕子。"其实有时候巧妙地低头是一种大智若愚的谦卑，也是一种获得成就的修养。

并不是低下头王冠就会掉，就算掉了，我们还可以选择高傲地再捡起来。

其实，生活中和商场上都是如此。我们只有选择低头，未来才会出头。是金子总会发光，但如果金子选择炫耀，也会被雪藏起来。人只有耐得住寂寞，才能守得住繁华。

然而，人也是固执的，所以要做到低头很难。即便如此，我们还是要选择低头。低头是一种姿态，而非耻辱。如果不懂得在现实面前适时地低头，人生也就不会有太大的成就。懂得适时地低头，是一种巧妙的智慧，沉稳的成熟。

人生也如此，至刚则易折，至柔则无损，上善若水，是最好的选择。便利万物，而又能高能低，能屈能伸，方能顺利长远。

选择低头，就是适时地选择“识时务者为俊杰”。选择低头是一种成熟的表现，也是一种不追求一成不变的态度。我们在生活中，如果一味选择昂着头生活，就会给人一种趾高气扬、不可一世的感觉，这让人敬而远之。久而久之，就会被视作目中无人，会不被认可，或遭人排挤。

就像我那位建筑商客户一样，要适时地选择低下头。低头不只是一个动作，也是一种智慧，是一种豁达的胸怀，是忍的境界；适时地低头，不是委曲求全的懦弱，而是“留得青山在不怕没柴烧”的深谋远虑。

有的时候，低头才能看见自己的幸福，才能看见自己的不足。仰望出来的幸福不是幸福，低头看看，身边最普通的生活才充满了真实的幸福。如果总是昂着头，不会看见自己的缺点，适时地低头想想，反省一下自己，发现不足，才能完善自己。

有的人，不屑于低头，直来直去，硬撑强做，一直奉行“宁为玉碎不为瓦全”的精神，到最后伤害了别人的同时也伤害了自己；有的人，把低头看作是耻辱和退缩，总觉得刚、猛、直才是英雄所为，才是硬汉子的做法，做事横冲直撞，锋芒毕露，却不知，即使是最硬的弓，拉得太满也会折断，更不知道，即使是最美的月亮，也有阴晴圆缺的自然之道。

适时地选择低头，需要我们的人生有弹性和韧性。选择避让是为了让我们更坚定地昂首前进。

人生在世，不可能凡事都能称心如意，天有不测风云，月有阴晴圆缺，自己也难免会有失意的时候。谁能保证自己一辈子不会求人办事呢？屈一下身体，弯一下腰，低一下头，这并不是耻辱，反而是谦逊。“死要面子活受罪”，才是最愚蠢的选择。

选择低头，我们在走路的时候才能看清脚下的路，才能看到路边的野花，才能忍辱负重。俗话说，“低头便见水中天”，这是一种风度和修养。

选择低头，也要选择不低头。在金钱、命运、权力、邪恶、困难和人格面前，我们是绝对不能屈服的。绝对不能向命运低头，否则，自己将深陷其中，成为生活的奴隶。

人生路途，荆棘遍布。若信奉一句话叫“虚心竹有低头叶，傲骨梅无仰面花”，也许我们的人生会走得更顺利、更长远，我们的人生也会拥有宽容大度的成熟和智慧。

人在低谷、檐下时，在无力回天时，不妨低低头，也许，低头就有一丝光亮，低头就为自己打开了另一扇窗，生命里就会多一份韧性、一份张力和一份成熟。懂得低头处事，昂首做人，才是生存的王道。

当有人再告诉你“别低头，王冠会掉”的时候，你不妨高傲地告诉他：“低头又怎么了？我可以选择再把王冠捡起来。”

“不公平”其实才最“公平”»

茶茶是从小跟我一起长大的女生。

命运之神没有遗忘她，而是分外折腾她。小时候，她五官如同洋娃娃般精致，谁见了都想多看一眼。但好景不长，一场车祸毁掉了她的身体。那之后，茶茶便成为走路吃饭这样的小事都要家人操心的人了。

十六岁那年，我和茶茶上高一。正赶上我们新换了一位老师，新老师在课堂上提了一个非常简单的问题，茶茶知道答案，于是兴高采烈地举起手。新老师让茶茶回答问题，结果她发音不清，新老师听得一脸疑惑，于是挥了挥手让她坐下。茶茶说话时，叽叽咕咕的发音惹得全班同学哄堂大笑。从此，她再也不敢举手回答问题。

十八岁那年，我们一起上了高三。一天课间，她走出教室想呼吸一下新鲜空气。一个低年级的学生看她一瘸一拐地走路，便开始嘲笑她，说她是瘸子、残废，并且动手推了她一下。不巧，一个外班老师恰巧从旁边经过，看见她们正在争执。

低年级的学生灵机一动，喊了一声“老师救命”，老师看了看茶茶扭曲的脸庞，也没问缘由就大声对她吼道：“你知道吗？你本来是分在别班的，班主任看你是个残疾人就没要你，你的班主任同情你，勉强把你收下了，如果你以后再敢这么做，这书就不用读了！”

茶茶的脸更加苍白扭曲，她只反复道：“这不公平……”

从那天遇到那个外班老师后，茶茶每次走进校园，脸上都写满了恐惧，就像一个人走进神出鬼没的森林一般。她说与其这样，她宁愿放弃读书。之后，我便再也没再见过茶茶了。

参加工作后，我偶然在单位前的某个咖啡馆里看到拿着笔记本办公的茶茶。如果不是她喊住了我，我肯定认不出她。她的脸似乎没有那么扭曲了，因为满脸的自信和骄傲，反而柔和了她的脸庞。

她笑着对我说，其实她走了之后，就开始后悔了，后悔自己当初为什么就那样轻易地要放弃读书？后悔自己为什么要轻易地毁掉自己的美好前途，后悔自己为什么总是逃避生活，后悔自己为什么要放弃上学独自离开。

她说，天下的老师，有哪个不爱自己的学生呢？又有谁不想让自己的学生成才呢？正是想要她成才，那个老师才会用“歧视”的办法对待她吧。

茶茶说，她知道这并不是简单的歧视，而是一种智慧的鼓励，可以激励她乘风破浪、勇往直前。她准备轻易放弃时，想到了每天拼命工作的爸爸，想到了每天辛苦照顾自己的妈妈，就在那一刻，她选择为自己的家人好好承担起自己的责任。

茶茶说，她的手指很灵活，她的思维也很活跃。现在，茶茶在一家编辑部工作，凭借独特的视角以及优秀的文笔，茶茶比大部分正常人都更优秀。正是有了这些“不公平”事情的磨炼，她的生活才更加精彩。人生也逐渐变得公平了。

跟茶茶闲聊之后，我总在工作之余发呆：

如果茶茶跟我一样是正常人，谁也不会去欺负她；如果她是正常人，她结交的朋友说不定比我还要多；如果她是正常人，她一定也能在运动会上展示她的飒爽英姿，为我们班扬眉吐气；如果她是正常人，也许能跟我一起考一个我们理想的大学，将来找个满意的工作；如果……

在那一刻，我真的理解到茶茶这些年的经历和选择，也明白原来我看似平凡的生活，其实这么美好。在这种情况下，让我怎么能选择放弃？

正是那些所谓“不公平”的机会，才教会了我们成长。如此看来，其实“不公平”，才最“公平”。

当你陷入不公平的泥沼中，不妨选择坦然接受，世间大路千万条，总有一条能通向你渴望的地方。选择接受所有的“不公平”，当然不是卑躬屈膝，也不是委曲求全，它是对“不公平”的一种不屑，也是对自己良好心态的一种历练。

正是这种“不公平”，才能激励我们做得更好，它会激励我们更加努力工作去争取升职，激励我们好好做人，勇敢面对突如其来的陷害，为自己洗清罪名，留住我们身边所爱的人。它成为我们人生中前进的动力。

退一步海阔天空，如果你选择走出那个“不公平”的牛角尖，就会看到“柳暗花明又一村”的美景。隐忍和沉默何尝不是一种生存之道呢?

就像茶茶，她认为，人活着就是一种幸福，人健康就是一种快乐，“不公平”和生命和健康比起来，又是多么微不足道啊!

其实，每个人生来都注定在人生道路上经历一些对我们自己来说“不公平的”事情，正是这些“不公平”的事情让我们认清自己，看清现实，让我们为自己遭受的“不公平”打抱不平，变得更加强大。“不公平”使我们向上成长。

当你痛苦时，不妨选择做一块海绵，吸收尽生活赋予我们的所有对与错，所有的“公平”与“不公平”。时间久了，自然而然就会明白对于我们而言，“不公平”才最“公平”。

撞下南墙又何妨！ »

俗话说，不听老人言，吃亏在眼前。可又有一句话，我觉得更适合拼搏路上的年轻人，那就是：撞下南墙又何妨！

有一颗执着的心，其实没有什么不好。尽管有失败，可也有得来不易的成功。只要是我想做的事情，我就不会后悔，不管结果如何，我也要去完成。

最近，我在朋友圈看到许多人都在晒自己玩滑板的视频。这让我大感羡慕，于是我决定去学滑板。身边人一直在劝我，说别学了滑板很危险，万一把胳膊腿坏了怎么办？

可是我从小到大就没有叛逆过，这一次，我就想“执迷不悟”一把，想尝试着撞下南墙。

在一次又一次的失败后，我终于学会了滑滑板，独自暗爽了好久。虽然遍体鳞伤，但我心想，不管怎样，我是成功了。

最后的赢家是我，选择撞下南墙，让我收获了两份成功：一份是学会了滑板，一份是勇敢坚持的心。其实，在南墙那边，有很多风景格外美丽。

乔丹曾经说：“我从来不关心输掉一场大赛会有什么后果，因为顾及后果的时候，总会让人想起消极悲观的一面。有人在失败的恐惧前会止步不前。”

要成就一番事业，就要不避艰险，孜孜以求。任何畏惧都是虚幻的，看起来荆棘丛丛，实际上都是纸老虎。即使结果未能尽如人意，我也不会思前想后。失败只不过让我下次加倍努力罢了。

乐观积极地思考，从失败中寻找动力。有时候，失败恰恰使你向成功迈进了一步。世界上的伟大发明都是经历过成百上千的挫折之后才获得成功的。

乔丹说：“我认为畏惧有时是因为缺乏专注。如果我站在罚球篮前，脑中想着有一千万观众在注视着我，我可能会手足无措。所以我努力设想自己是在一个熟悉的地方，想着自己以前每次罚篮都未曾失手，这次也会发挥我训练有素的技术，不必担心结果如何，我知道我自己不会失手。于是放松、投篮、一切成定局。”

正是对平时训练和正式比赛一视同仁，他才能在比赛中拿到好成绩。如果乔丹选择在训练中马马虎虎、糊弄了事，那他在正式比赛中肯定不会有好结果。有很多人临阵磨枪，说得到做不到，这就是他们失败的原因。

要知道，通往成功是条崎岖之路，困难和艰险对谁都是平等和不留情面的。然而你不必因此踌躇不前。前面要是有堵墙，不要折回头放弃努力，想办法爬过去，超越它，即使撞到也不要回头！

在生活中，我们为了得到自己想要的东西，必须忍受各种各样的痛苦。而且，你还需要找个理由继续坚持下去。如果你找到了这个坚持下去的理由，就开始行动起来，不要懒惰，不要寻找借口。

如果你想要成为了不起的人，你必须习惯恐惧和失败，让它们成为你的好朋友。只有它们才能够推动生活的指针，让你不断前行。为自己付出努力的人生，那才是完整的人生。那些看上去光鲜的荣誉背后，隐藏着无数的艰辛和泪水。

芭蕾舞者伤痕累累的脚，拳击运动员被打得血肉模糊的脸，极限运动员们经历了无数次跌倒后选择重新站起来……看了他们的经历，你还有选择放弃的心吗？选择了这条路，就要不撞南墙不回头。

有时候，你认为自己已经跌到了谷底，其实你还可以跌得更深。而正是跌得更深，才能让你变得了不起。如果我们喜欢一件事，那么就坚持到底吧。如果我们没有被击垮，来自世界的恶意和打击就只会让我们变得更强大。

人，在某些时刻，是要选择九头牛也拉不回的倔强。

很多年轻人都信誓旦旦地要考上好大学，

信誓旦旦地把 QQ 头像换成自己梦想大学的校徽，暑假时，还会跑到大学校园里溜达一圈。

高中生对理想是最近乎狂热的，但这种狂热的心究竟能持续多久呢？要知道，大学不是你换个头像、逛一圈校园就能去的。

如果你选择奋斗两天就开始丧失斗志，那你就过不到自己想过的生活。

就比如想上重点大学的学生，心想别人都已经奋斗了两年，我从高三才选择好好学习，来得及吗？就这样，一直到高考的日子来临，他们才懊悔原来时间过得如此之快。

时间永远都不会来不及，无论从什么时候开始，只要我们选择义无反顾地倔强一次，就一定会收获些什么。自信和坚持，一直都要有，没了信心和坚持，也就没了斗志。

我在读高三时，一直没有“撞南墙”的势头，直到现在还觉得，那时候的自己真的是不够努力。当时，自己没有选择拼尽全力学习，如果当时再努力一点，说不定会比现在好很多。当然，这些都已经过去了，我不会后悔。

因为我从这一刻开始，选择不撞南墙不回头，选择拼一把就能达到的远方，选择过一种有挑战的生活。

每个人都可以倔强，走过之后才发现，那不过是一米远的天堂。撞了南墙又怎么了，就算撞到了我也不回头，头破血流也要踏平它。

Part 5

不为难自己，也想不被为难

变成洒脱的“自私鬼”»

朋友思思的父母已经离婚多年，却至今都未分居。

思思说，从她有记忆的那天起，她的父母就每天争吵个不休，甚至当着她的面摔东西。虽然她的父母早已离婚多年，但是在街坊邻居眼中，他们还是一对模范“夫妻”，每天他们依旧一起上楼下楼，热情地跟邻居们打招呼。

至于她父母多年都不曾分居的原因很简单，就是为了思思考虑，怕街坊邻居知道他们离婚的事情，会在思思背后指指点点说闲话。

在思思看来，这是个很荒谬的托词。既然两个人已经决定离婚了，那么为什么各自不能对自己的行为负责任呢？离婚这个结果是双方共同决定的，既然决定了，就应该承担一切后果。

两个不敢为自己行为负责的人，能给思思带来什么呢？与其说是为了思思好，倒不如说他们其实是为了自己，他们不想让周围的人知道他们感情破裂，他们不想遭受邻居们的议论纷纷和指指点点。他们这么做，只是拿思思当挡箭牌罢了。

思思说："我觉得他们这样做，倒不如索性承认，其实是他们自己忍受不了离婚给他们带来的'流言蜚语'。"

我点点头。确实，有的时候选择"自私"，其实并不是一件罪大恶极的事。人生来就是"自私"的。要知道，"自私"并不是人的劣根性，而是一种自我保护的本能。

女娲用泥"制造"出了人类，其实她当时只是为了不让自己那么寂寞；耶和华给亚当提供舒适美丽的伊甸园，其实只是想找一个人为他看守智慧树；黄帝和蚩尤昏天暗地地打了一架，只是为了夺得部落首领的头衔。

就像有的人愿意燃烧自己，照亮世界一样，有的人只愿意烛照一方天地；有的人愿意牺牲自己，留香人间，而有的人只愿意送人玫瑰手留余香；有人愿意化作泥土，养护生命，但有的人只愿意永葆青春。

"自私"是人类的本性，我们不可逆转。与其像思思父母那样躲躲藏藏，倒不如勇敢地选择面对心中的那份"自私"。正视它、承认它，并把它勇敢地呈现在众人面前。

像思思父母那般，嘴上说是为思思的名声好，但是这种"好"的背后并不单纯。如果他们选择坦坦荡荡地把自己心底的那份"自私"说出来，就能让事情简单很多。

每个人都要对自己的行为和所作的决定负责，不管是好的结果还是坏的结果，都要勇敢地去接受，遵照自己内心的真实想法去办事，不要掩饰，不要躲藏。与其逃避，不如大大方方地做一个洒脱的"自私鬼"。

昨晚，好友墨墨给我发来微信说：“为什么我男友一跟我提及他之前与前任发生的事情，我就特别想克制自己对他的爱，感觉不想再去爱他了？”

我说：“也许，你是觉得你男友的初恋不是你，你不甘心他的前任占据了他的整个过去，所以你不甘而又无能为力地想要放弃他。”

墨墨告诉我：“我有的时候真想他们永远在一起算了，反正我觉得我爱他很不值得。”

她问我：“我这样地爱一个人是不是显得很自私？”

我说：“当然不，爱一个人本来就是‘自私’的，哪怕在别人面前我们的胸怀很宽广，但唯独对于我们自己爱的人不行。”

在生活中，我们的爱能被别人接受是一件很值得让人庆幸的事情。“自私”是爱情的本质。对墨墨来说，她承认她爱他，是因为她想去爱，他值得她爱，爱能让墨墨感到快乐，并且能享受这份爱带来的喜悦。那么，这份“自私的爱”就是有意义的。

没有爱，生命会太枯燥、太生硬、太没有弹性。这种“自私的爱”在我们的生命中是难能可贵的，因为它是我们对于爱最本能的诠释。

我们要直视自己内心的真实情感，勇敢地去面对它们。想想我们自己的人生，是极其短暂的。亲情、爱情、友情，这些感情对我们来说都是宝贵的，在它们面前，我们为什么不能去坦然面对自己内心的那份“自私”呢？

难道一定要等到我们逐渐老去的那一刻，才去怀念自己的初恋，后悔当初没有好好“自私”地去爱过一个人吗？

“自私”的爱情是一种信仰。面对爱情，我们不能总是逃避，有爱就要大大方方说出来。未来的路真的很长，未来的路相辅相成，我们一起坦然面对，一起去努力，相濡以沫地走下去，不给爱情留下遗憾。

有些人说：这个社会究竟怎么了，倡导自私的被追捧，而倡导无私的却要被骂。

对于这个问题，你要先弄懂什么叫“私”，然后再来探讨“自私”和“无私”的问题。“私”就是指个人的事物，而自己拥有的东西就是“私”，包括金钱、物质、身体和精神。

在共产主义早期，我们确实是一个“无私”的时代。因为一切都是共产的，后来有了“包产到户”，让社会也发生了巨大的变化。

“包产到户”就是“有私”，是让“私”保值或者增加的行为，也是我们通常说的“自私”。

从上面来看“私”是一种很个人的存在，它不是共产，而是私产。所以，“自私”并不是什么坏事。就让我们选择做一个洒脱的“自私鬼”吧，这样才能不负人生。

镜子里面，像看到人生尽头 »

年初，我带着重要文件去南方见一个客户。因为当时车子还没保养好，火车票又买不到，只能选择坐大客车出行。出门时，我憋了一肚子火，这种不开心的情绪，直到上车还没有散去。

那天，正好赶上元旦放假，坐车旅游的人特别多，每个人都带着大大小小的包，车门一开，大家都“一窝蜂”地往车上跑。我放文件资料的包竟然被人把包带扯断了。我拿着惨不忍睹的包，找到了自己的座位，没想到前面的人竟然把她的行李全都放在我的座位上。

我忍着气，耐心地拍了拍她的肩膀，请她把自己的东西拿走，谁知道她却翻了个白眼，完全不理会我。我当时气就不打一处来，与她发生了争吵。

这是我生平第一次跟人吵架。最后，虽然她还是把自己的行李拿走了，但我至今都还记得当时发火的场景。

那天路上很顺畅，车也开得很快，两旁的树木和高楼飞快地后退，伴随着朝阳。沿途的风景确实很美，可那次我确实没什么兴致去欣赏。因为选择发火，所以我看什么都觉得来气，但是不知道为什么，这种愤怒的情绪，在我们到达目的地后，随着车上拥挤的人流和所有人写在脸上的疲惫，突然就烟消云散了。

当我下车的那一瞬间，我心里不禁感慨：车上的人们来自各个地区，或许都是为了生活而在这座城市中奔波，假如之前我再耐心一些，请前座的人把他们的行李挪一下，他们或许就答应了，我们也不会因为这点儿小事大吵起来。

曾经听朋友跟我说过这样一个谜语：你对它笑，它就对你笑；你对它哭，它就对你哭。我想很多人一定知道答案是镜子，可是我觉得正确答案应该是人生。

就像当时我在车上，如果能控制住愤怒，心平气和地与人沟通，就不会引发后面的争吵。有些事情如果我们换一个角度去对待，换一个心态去面对，也许就会得到不一样的结果。

当我们选择用微笑面对人生的时候，就像我们到达了一个从来没去过的地方，那里的一切对于我们来说都是陌生的。我们在陌生的环境中彷徨、迷茫、畏惧，甚至手足无措，我们会经历很多意想不到的事情。但是反过来想想，其实这就是生活，这就是人生。

我们的一生不可能所有的事情都一帆风顺，经历过磨难和考验的人生才会更加值得珍惜。我们要慢慢去适应新的环境，去努力、去学习、去成长。遇到挫折的时候用笑容去对待。其实这世上真的是无难事的，最重要的是看我们用怎样的心态去面对。笑对人生，一切困难都会迎刃而解。

当我们选择用消极的一面对待人生的时候，麻烦的事情就会摆在我们面前，我们瞬时慌乱无措，我们会难过，或许会选择哭泣，选择愤怒。可是哭过之后呢？愤怒之后呢？不过是徒劳的。仅仅是在情绪上发泄了，图个一时的痛快。但是却没能找到事情本身解决的办法。哭对人生，则是对生活的逃避。

人生是一面镜子，承载着我们的喜怒哀乐。我们在镜子里面兜兜转转，即使到了尽头，也要寻找最好的自己。

我听到过这样一个故事：泰国有一位叫施利华的商人，他是商界拥有亿万资产的风云人物。但是一次难以预料的金融危机使他接近破产，面对生意场上的失败，他仍然笑着说："好哇！又可以从头再来了！"

生活也应该如此，失败和挫折会有很多，我们始终要用微去笑面对我们所经历过的每一次失败，就算在挫折中摔得面目全非，也要笑着站起来。

我们每天在这个多姿多彩的城市中生活，经历过快乐，也有过悲伤，有过成功，也有过一次次的失败。失败让我们体会到了人生中的酸甜苦辣，成功使我们重新找到了让自己继续前进的信心。

在我们人生的旅程中，微笑是最真实的语言，失败的时候给自己一个微笑，让自己更深入地了解自己，在这次的失败中发现自己的不足，避免再一次走上弯路。这样，似乎每一次失败在生活中都起了重要的角色，现在面对的失败越多，以后人生中所遭遇到的失败就会越少。

最后我们走上的一定是一条已经经历过风霜磨炼，平坦无阻的宽阔大道。

人生如镜，镜如人生。

镜子里面记录着我们的快乐与悲伤，成功与失败，它承载着我们的人生。我们沿着人生的道路一直走，走到尽头，回首望去，生活中的酸甜苦辣和风风雨雨都呈现在眼前。这时，我们可以很自豪地向生活露出从容的微笑了。

你选择哭着面对人生，人生就会让你哭得更惨；你选择笑着面对人生，人生就会对你笑靥如花。一切，都只在你的选择罢了。

你确定这里有你想要的生活吗？»

前一段时间，同学小罗给我打电话，跟我说她想换一份工作。我听了之后非常惊讶，有些不理解：这么好的工作，她为什么说换就换呢？

小罗之前在国企的工作一直都很稳定，薪资也非常高。对一般人来说，这样的工作是打着灯笼都难找的，为什么就这样放弃了呢？

听我这样问她，她也感到很惊讶，她说她身边的人得知她要辞职之后都对她的做法感到质疑，甚至没有一个人支持她。我想原因很简单，大家想的应该都一样：比别人薪水高好几倍的工作为什么不愿意做。

大家说，她这叫身在福中不知福。不过她仍然不顾任何人的劝阻，毅然辞职，去做她想做的导游。几年过后，她自己开了一家旅行社，事业做得风生水起。

上周凌晨，她拨通电话兴奋地问我："你猜我在哪里？"

我睡眼惺忪地答："国外？"

她激动地说："Yes! 我在美国！我带团到了我一直想去的华尔街！"她去了华尔街，这是好多年前我们一起看旅游节目的时候，她说她梦想着要去的地方。她说当时别人对她的劝告并没有什么错，之前的工作很好，但是那不是她想要的生活。

她选择跟自己的心走一回，因为当导游环游世界是她的梦想，她选择了自己一直想做的事，因为她不想错过了之后让自己后悔。

我们在成长的过程中，得到了太多人的建议。这些建议大部分都来自于我们的父母。他们在我们很小的时候，就告诉我们哪些事情是能去做的，哪些事情是我们不能去做的。他们习惯了给我们安排日常生活，也习惯了为我们规划应该去读的学校。

他们总是对我们说："我们就是这么过来的，听我们的对你没有坏处。"

只是听他们的，真的是我们想要的生活吗？

或许大多数的事情听父母的是没有错，可是这并不是唯一的选择。我们每个人都有自己心中的梦想和目标，对于未来，也有自己的方向。我们所在的城市每天都在不断地发生变化，任何的计划都有可能被这些变化打乱。

所以，不管周围人怎么劝阻，我们自己的心中应该始终有一件内心真正想要去做的事情，当我们有足够的资本去实现梦想的时候，就大胆地放手吧，去寻找我们自己真正想要过的生活。

朋友小乙，在大学毕业之后不顾父母的反对坚持要去上海打拼。初来乍到还只是个小文员，几年过后，他就当上了公司的高管，身价一下子翻了好几倍。

有时候，正是因为我们心中最初的那一份坚持，才换来了我们梦想的圆满。如果我们当初听了周围人的劝阻，选择放下那份执着，那么就不会有后来的事情了。趁着我们还年轻，想要做的事情就勇敢地去尝试，不去尝试又怎能知道结果呢？

我们总在想，自己想选择的究竟是什么。或许我们现在拥有一份父母希望我们去做的工作，收入丰厚。只是我们每天做着自己并不喜欢的事情真的快乐吗？

或许我们没有安稳的工作和高额的收入，我们早上六点钟在某个城市的出租房的被窝里爬起来，然后洗漱干净，六点半出了门，到街边的小摊喝一块钱的豆浆吃一块钱的油条，紧赶慢赶地挤上了七点那辆开往公司的车，想着今天没有迟到能在八点前打上卡了，然后走进大门挨个跟公司的同事打招呼。

我们每天这样为了生活奔波劳碌，但是我们过得快乐，或许在旁人看来这样的生活平庸无奇，但这就是我们想要过的充盈的生活。

这个世界上没有一成不变的生活法则。我们每个人都有权利积极地去争取实现梦想的机会，过自己想要的生活。

所以，我们没有必要去在乎别人的说法，没有必要活在别人给我们设定好的圈子里，要大胆地冲破一切阻碍。我们要证明给别人看，别人给我们的规划也许并不适合我们自己，只有我们自己争取到的生活才是最适合我们的。

所以，不要照着别人给我们的导航去走属于我们自己脚下的路。努力争取自己想要的生活，按照我们想要的方式走我们的路，努力实现自己的梦想。然后坚定地对旁人说：“这就是我想要的生活。”

我们在自己选择的道路上依旧能过得风生水起。即便当初违心地选择了不喜欢的路，即便我们觉得时光晚矣。但还是要对生活说一句：我要改变。

当你觉得这里没有你想要的生活，不妨听听自己的本心，选择一条让自己快乐的路，这才是真正有意义的事。当全世界都质疑你的选择时，你要大声告诉他们：我确定，这里有我想要的生活。

你是因为什么留在这里？ »

昨天傍晚，我和布布坐在咖啡厅聊天，工作上的压力让我有些疲惫，但布布却始终精神焕发。她是个潮州姑娘，也是我的大学同学。大学毕业后，她就选择留在了北京。

我略带疲倦地问她："北京生活节奏这么快，你为什么选择留在这儿？"

布布毫不迟疑地说："因为北京这座繁华都市，让我找到了我对生活的热情。"

在这个给布布热情的北京城里，每天都有人带着憧憬和向往兴奋而来，也有人满怀无奈和伤痛黯然离去。当然，更多的人像布布一样，依然在这个城市里奋斗与坚守，或是麻木不仁，或是循规蹈矩，抑或是像打了鸡血一样地满怀激情。

无论在他们背后掩藏的是什么样的心态，总归他们都在这个繁华都市的角落里演绎着属于他们自己的人生故事。

我相信，只要我们还选择在这个城市里继续生活下去，不管是你，是我，还是布布，总会有人时不时地问你一句："哎，你为什么在北京生活？"

这时，你会怎么回答？是如同布布一样，笃定地说出心底的答案，抑或是突然意兴阑珊地自我询问思量。

不管处于哪一种状态，我相信，你总有一天总会找到答案。

如果布布小姐当初不曾来到北京，那她的生活将如何继续呢？或许，她会做一份外表光鲜，实则无趣的国企工作；或者她会直接嫁为人妇，相夫教子；或许她会在她的家乡开一家小店，过着平凡悠闲的日子。

或许有人会觉得选择稳定没什么不好，但安逸总是让人难以抗拒。就像是严冬里周末早上的热被窝，想一直在里面舒舒服服沉沦下去。但是，被窝睡久了，就会觉得生活太无趣，也会开始发懒。

或许安稳的生活对于我们来说才是最安全的，但是只有安稳真的能让我们快乐吗？我们已然习惯于生活在最安全的地带，被父母、老师以及书本的汤匙喂大，我们习惯了只要有问题就去询问他们："那些高原、深山及高楼的背后有什么？"

我们就是这样总是满足于他人对我们的描述，永远活在别人的言语之中，似乎丧失了自己探究的本能。我们不再对外界的事物感到新鲜，心中没有什么东西是原本的、清新的和清澈的。逐渐地，失去了对生活的热情。

遵循自己的想法，冲出别人为我们划定的安全地带，放弃一切去我们想去的任何地方重新开始，给自己一个机会，也给生活一个机会，是目前为止对于我们来说最勇敢的事情。或许刚开始的时候我们会胆怯，会退缩，但是很多路只有走过了，才会发现并没有那么难。

蔡康永说：“十五岁时觉得游泳难，放弃游泳，到十八岁时遇到一个你喜欢的人约你去游泳，你只好说‘我不会’。十八岁时觉得英文难，放弃英文，二十八岁时出现了一个很棒但要会英文的工作，你只好说‘我不会’。人生的前期，如果越嫌麻烦，越懒得学，后来就越可能错过让你动心的人和事，错过风景。”

就像我之前说的，我曾经很想当一名画家，但成为画家的路太难走。或许有些事情我们觉得太难就丧失了最初的热情，其实选择试一试又何妨呢？

高山如果总不去攀登，那就永远只能是一座山，我们只能远远仰望，如若我们亲自征服过，便成为你脚下的一方尘土。很多时候，生活就是这样，你给它机会，它才能给你风景。

我们总是会遇到一种对生活失去热情的状态，对什么东西都得过且过，没有追求，觉得空虚。这一切可能只是由于我们长期处于“安全地带”，沉溺于寒冬早上的热被窝，被我们内心的畏惧所牵绊。

我们要做的就是去尝试一些新的选择，去走一条看不见结局的路，去不断地学着给生活机会，去寻找我们在一座城市中留下来的理由。

现实告诉我，一条路走不通，可以换条路继续走，人生就是这样。虽然我最终没能成为画家，但是正是因为画家的路断了，我才能走上现在的路。这条路让我拥有了我想要的样子，生活富足，父母骄傲，难道这不是另一种成功吗？

走另外一条路，我依旧可以在这座纸醉金迷的都市中过着我想要的生活。这座城市让我走上了不一样的人生道路，这样还会离开吗？

人生苦短，要为自己去探索！要为自己的生活寻求另一个出口，为自己的人生制造出另一条风景线，努力去寻找我们留下的理由。

我一直坚信，在这个世界上的某个角落，一定有另一个自己，在做着我没做过的事，在过着我想过的生活。其实，我们每个人就是另一个自己，只要我们愿意，就没有我们做不成的事情。

每个人都有一个选择留在这里生活的理由，只要我们给自己的生活一次机会，生活一定会给我们不一样的风景。北京这座繁华都市，是我们梦想开始的地方。

乡愁是一条未读微信 »

栾栾是我大学同专业的学姐，也是同一个团部的成员。整个大学期间，她都很照顾我。她毕业的时候，直接考取了国外一家学校，准备拿双学士。

前不久，我们在微信上闲聊，我问她什么时候回家，她说“家”这个字仿佛好久都没有提过了，她也好久没有感受过家的感觉了。

虽然那次我们的交谈并不是很长，但是字里行间都散发她对家的想念。

就在上周，出国留学的栾栾突然从美国回来了，因为她太想念家乡了，所以很想回来看看。

她说没出国留学之前，还在家乡的时候她不懂得珍惜自己拥有的一切，当她离开家乡只身前往一个陌生的国度的时候，她才体会到那时在家的快乐时光是多么宝贵，可是出国之后这样的时光已经不复存在了。

栾栾二十四岁生日是在国外度过的。当她吹灭蜡烛的那一刻，抬头看见的并不是亲人熟悉的面孔，而是那些跟她并不是很熟络的室友在那儿静静地注视着她。当她许完愿望睁开眼睛的时候，却看不到整日陪伴着她的朋友，她说那不是家的感觉。生日之后，她猛然间意识到自己是多么想念家乡的一切。

我想，这就是栾栾的选择吧。一个人远离家乡外出求学，生活不会像之前那样清闲，也没有那么自由。她每天能做的就是去为梦想而拼搏。只有闲暇之际才能回想在家乡的美好生活，但是这样的时间对她来说太少了，不久就会被课业压得喘不过气。坐在窗边张望，却没有之前总在她身边叨念的亲人。

我想当时的栾栾对家的想念早已在她的心中生根发芽了。

时间飞逝，我们不知有多少的光阴都在追寻梦想的道路上消失，留下的只有我们的泪水和对家乡的思念。

闭上眼睛，静静冥想，回忆家乡，回忆一份久违了的温暖和美好，似乎有种强大的力量在不断地给予我们奋斗下去的精力和希望。

无论我们在哪里，无论我们在外过得多么风生水起，我们的心是永远属于家乡的。家乡在哪里我们的根就在哪里，即使我们不尽如人意穷困潦倒，我们是家乡的人，家乡也会包容我们的一切，因为我们是她的孩子。在繁华落尽之后，我们都想回到家的怀抱。

家不是点缀，不是生活的附属品，我们一点一滴的苦乐，都能在家中得以释放。家是一个甜美的地方，家是一种乡愁。

像栾栾这样为了追寻梦想选择背井离乡的人有很多，乡愁始终伴随着他们。

乡愁是一杯浓浓的酒，乡愁是黑夜中的一轮明月，乡愁是那根在我们灵魂深处流动的血管，乡愁是雕刻在我们记忆中的古老童话，乡愁是人一辈子也走不出去的精神的家。

乡愁就像被遗忘的一条未读微信，当我们打开它的时候，内心有着五味杂陈说不出的苦楚。乡愁更是我们心中的一份执念。这份执念使得我们对待生活、对待家，来不得半点儿将就。

其实我是一个特别怀旧的人，刚上学的时候不舍得把娃娃送人，大学的时候不舍得把中学的一些小玩意和文具书本扔掉，工作后搬了新房，老房子里的那些东西也不舍得丢掉。

同样，我手机上也是如此，不会轻易删除相册里的照片，有些学生时期的照片还一直在我的手机里珍藏着。除非存储空间实在不够了，才会适当地删一些。空闲的时候总会安静地坐在房间里翻看，怀念着学生时期的无忧无虑。只是可惜一切已经回不去了。

都说学生时代是人生中最美好的一段时光，那时的校园就像我们的家一样温暖，处处都洋溢着纯真可爱的笑脸，可是现在这些记忆仿佛在我们的脑海中逐渐开始模糊了，那时候那种“家”的感觉也不是很清晰了，反而离我们越来越远。

我想虽然远处是我们再也回不去的“家”，但是那种少年时青涩的感觉早就已经深深地烙在我们心里了。

我想即使我们再回去，还是原来的一切，那种心境，也跟之前不会一样了。

所以这些回忆存在我们的记忆中就足以了。把对“家”的那份回忆与乡愁埋在我们心底，然后好好把握住我们眼下的生活。只有这样，我们才可以感觉到更多美好的事物，更好地去欣赏这座城市，更幸福地生活。

其实乡愁无处不在，它可能是我们儿时承载着童年回忆的布娃娃，也可能是学生时期陪我们经历过无数场考试的一支钢笔，它可能是我们心中向往的地方，又或是一条我们至今都没看的未读微信。

不管它以怎样的形式存在，乡愁这份情是永远不会被遗忘的。选择自由与繁华，家就是你要承担的思念。

朋友就是把美好带到你生命里的人 »

我的好友苗苗，在跟我一起备战高考的时候，一起在学校附近租了一间房子。那段时光里，我们一起上下学，一起吃饭，一起去上补习班，一起复习功课。有快乐共同分享，有苦恼共同面对。

当然，我们也曾经任性地为一件小事吵得脸红脖子粗，也曾经相互发誓“再也不理对方了”。然而，过不了几个小时我们绝对就会嬉笑着把分开的东西重新放到一起。我与苗苗的那段美好的学生时光在脑海中留下深深的烙印，它将印证我们一辈子的友谊。

记得有一次，我们两个跟随她父亲去天津出差。一路上，我俩贪吃贪玩，因此我们总和她父亲走散。我们两个总是自作主张去品尝各种当地的特色小吃；转眼的工夫我们会钻到一处名胜风景下摆弄着各种姿势自拍，留下我们瞬间的回忆；上了高铁我们竟然也不顾及她的父亲坐在哪个座位，而是先忙着找好我们相邻的位置，坐在一起吃零食聊天，无忧无虑。

快乐的日子转眼即逝。不知不觉我们就毕业了，苗苗选择出国深造，为此她父亲卖掉了家里的店铺；而我则选择去大学报到，开始我的大学生活。

我和苗苗就这样分开了，但是我们却一直没有断了联系，每逢苗苗假期回国，我们依然会在一起，小聚在某个朋友家中，每个人动手做一道自己喜欢的菜。

苗苗总会出招，让大家一起玩真心话大冒险，一不留心，就会中招，就会罚她喝上一杯。那时候的开心和肆意欢笑，依然能与我们当年学生时期相媲美。

而今，已各自步入工作岗位的我们，友情随着岁月的蹉跎变得更加牢靠，更加亲密。虽然我们在不同的国家，中间隔着一个太平洋的距离，每天都有几个小时的时差，但是我们心的距离始终没有变远。

前段时间，我因为工作压力问题生病住院，当我心情沮丧的时候，首先想到的就是苗苗。

苗苗跟我一同承担忧愁的时候，我心中的忧愁似乎就减少了一半。每当喜悦来临的时候，我首先想要分享的人也是苗苗，这时我的喜悦就成了两份。

我知道，苗苗就是我真正的朋友，她可以分享我内心的喜悦，同时也能分担我的忧愁。

真正的朋友，是在我出丑的时候，他不会讽刺我；在我遇到困难的时候，他不会冷眼旁观；在我优秀的时候，他不会嫉妒我；在我把秘密告诉她时，他不会破坏我对他的信任。在我孤立无援的时候，他会用真诚的话劝解我，在我为生活琐碎的事情烦恼的时候，他可以陪我化解一切困难。

朋友，并不是每天都要腻在一起，也不是每天都要联系，更不是有什么事都要汇报。朋友，越久越真，越平淡越纯，越真诚越久，我能拥有苗苗这么好的朋友是何等幸运。

如果有人问我朋友的定义是什么？我会毫不犹豫地回答：朋友就是把美好带到你生命里的人。

我们难过时，会想到朋友；我们在高兴时，也会想到朋友；我们在孤单空虚时，还会想到朋友。朋友在我们的人生中扮演着至关重要的角色。

人在世上不容易，能和一个人相识相知也不容易。与人相识便是缘分，与人相交就是上天给予我们更多的关照了。所以我们更是要加倍地珍惜我们身边陪伴着的朋友。

我与小西从初中开始就是好朋友。我们一起升学，中考、高考，后来我们都上了大学。

我记得读大一的时候，某天下雨我没带伞，站在校门口正愁，这时小西正好发微信给我，问我要不要跟他的朋友一起去吃饭，我向他说了我没带伞不过去了之后，没过多久他就出现在我面前，于是我们共同打一把伞去餐厅。

大二的时候我失恋，哭得死去活来。小西没课就来学校陪我，给我讲他们学校有趣的事情，带我去看有意思的电影，不停地帮我转移注意力，让我不再去想那些不开心的事情。没多久，我就又重新振作起来了。

那段对我来说漫长又痛苦的失恋的日子，是小西一路陪我走过来的，是他把我从那段阴影中拽了出来，至今我都心存感激。

我很庆幸我能有小西这样肯付出的朋友。朋友就像小西在雨中给我送的那把伞一样，为我们撑起一片广阔的天空，把最美好的东西留给我们。

是啊，朋友就是这样一种特殊的存在。他们在我们一无所有的时候与我们相识，他们陪我们走过无聊的日子，他们与我们分享着自己的青葱岁月，他们分担我们的烦恼忧伤。他们愿意为我们付出，他们愿意陪伴我们，让我们在成长的路上不孤单。

因为他们的存在，我们的回忆才够真实。不是那些年的青春才让我们记住他们，而是他们让我们记住了那些年的青春。

最近一直和同事自嘲，说原来一直很喜欢听 Hip-pop、Rap 和 R&B 的风格，总是觉得这些东西很炫酷。可是我踏出校园进入社会后的这些日子，我却越来越喜欢听老歌了。

老歌歌词的字里行间，总是蕴含着一种岁月的积淀，这种感觉就像我们早已逝去的青春岁月。那种字里行间的深情都是那些潮流音乐所不能够替代和传达的。

比如周华健的《朋友》。最初只是觉得歌词很朗朗上口，可是当我们到了不大不小的年龄的时候，才发现每一句歌词都足以戳中泪点。我与朋友在学生时代的那种肆意和狂欢已经不复存在了，但是那份友情，那份感动，永远都会存在于这个城市之中。

想想我们生活的城市，每天都有来来往往的人，与我们擦肩的人很多，和我们相识的人也很多，唯有与我们有血缘关系的亲人屈指可数。除了亲人以外，还有另外一种与我们至亲的人，他们爱护我们，帮助我们，在乎我们，这种人就是我们的朋友。朋友是无可替代的存在。

朋友就是我们得到对方的帮助不用说谢谢的人，打扰了不用说对不起的人，高升了不必改变称呼的人。他们可以和我们一起打着伞在雨中散步，也可以陪着我们在雨中奔跑。可以一起在海边沙滩上打滚儿，也可以一起进行某种遐想。我们有快乐，有欢笑，也有悲伤，那又怎样，我们一起并肩前行。

人生在世，不可能永远只是一个人孤军奋战。当我们面临挫折与苦难的时候，我们需要朋友的援助与慰藉，这就是朋友存在的意义。

好友就像夜空中的繁星，我们并不一定每天都能看得见他们，但是我们知道，他们一直在那里，照亮我们的生命。

朋友，就是选择把美好的风景带到我们生命里的人。我们选择跟朋友在一起，才会发现生命原来如此美好。

Part 6

幸好，我们的人生尚未尘埃落定

谁都可做“白富美”»

在普通人眼里，“白富美”一直都是大家羡慕和追捧的对象，她们自命不凡，相貌出众，光彩夺目，似乎各方面都高人一等。

很多人都认为自己无论怎么努力改变都不能与“白富美”相提并论。其实不然，生活中，人人都可以成为白富美。洁身自好就是“白”，经济独立就是“富”，内外兼修就是“美”。

栎栎是跟我很要好的一个朋友，从初中到大学，栎栎从来都没有进过“白富美”的行列。栎栎自己也深有体会：手机里装了各种美颜相机，仍然“美”不了自己这张脸。

每次在微信朋友圈里发自己好看的自拍，立马会遭到质疑。不白不富更不美，走在路上永远都不会有男生过来搭讪。然而对于这些，栎栎只是说说，内心却丝毫都不在意。

每当班里一些捣蛋的男生来挖苦栎栎并不出众甚至有些丑陋的外表的时候，栎栎总是高傲地说：“对于有些人来说，丑陋会影响未来，而对于我来说，并没有任何的影响。”

果不其然，当大家大学毕业都在为找工作四处奔波的时候，栎栎已经变成“商业女神”了。她在一家公司做商业企划，而且每次都一投一个准，深得老板的赏识。栎栎用自己的才华和实力，引来了不少投资者的目光。甚至一个月之内，有超过五家的风投公司找她合作，一时间栎栎“小有名气”。

栎栎的事业做得风生水起。曾经那个同学眼里的“丑小鸭”终于蜕变成了商业圈中的“白天鹅”。

栎栎的外表不白不富不美，但是她创造的价值已经超过那些“白富美”太多倍。

对于有的人来说，美貌是一种天赋，而对于不具备这种天赋的栎栎来说，内在的勤奋和能力足以与之抗衡。

在这个看脸的时代，如果你丑，就会失去很多工作机会，可是如果不去逆袭和争取，就会“丑”一生。难道我们甘愿“丑”下去吗？我们为什么不用我们的实力去逆袭，去改变呢？

对于逆袭，我深有体会。我的一个发小朱朱，她从小就喜欢吃甜食，所以一直都很胖，身边的人就总是叫她“小胖子”。

上初中的时候，班里的男生经常调侃她欺负她，朱朱实在是忍无可忍，于是从那时开始，她选择改变。

从那天起，她拒绝了一切甜食的诱惑，一有时间就去健身房燃烧脂肪，运动完就拼命读书。凭借着自己的毅力和信心，一段时间下来，不仅身体瘦了，成绩也突飞猛进。这样的质变，使得班里的男生对她刮目相看。

其实，朱朱并不是善于打扮，而且她的身材天生并不是很匀称。

于是她就给自己做功课，当所有人都在沉迷于电子游戏的时候，她却窝在图书馆看时尚杂志，学会了打造自己。她用腰线很高的热裤突出自己的长腿，用宽松的上衣遮住自己并不完美的曲线。曾经留下的汗水和付出，都是她如今逆袭成功最好的证明。

虽然有些人生来就像栎栎和朱朱一样并不完美，但是只要肯改变，每个人都是“白富美”。

有的时候，不是因为自己不是“白富美”，而是你不想让自己成为“白富美”。

大多数情况下，容貌和身材或许可以使你拥有一个好的工作，并且得到一个展示自己的机会。哪怕你美貌，哪怕你是白富美，甚至可以与明星相提并论，可如果每天颐指气使、道德败坏、品行恶劣，也很少有人能容忍并且喜欢一辈子。

虽然我们没有出众的外表和明星脸，但是我们拥有追寻梦想的干劲和决心，我们有毅力、有坚持、有勇敢，并且我们努力让自己变得更好，那么我们离“白富美”只差一个华丽的转身。

我们天生不是“白富美”，但是我们输了吗？没有！二十出头的年纪，我们风华正茂，只要我们心中怀揣着梦想和激情，我们依旧可以完美绽放。只要我们有毅力、有勇气、有信念、对自己有信心，即使我们没有美貌，也依然可以出现在“白富美”的世界里，并且找到属于我们自己的精彩。

每个人的青春都是短暂的，每个人都会经历两个青春。第一个青春是上帝给的，第二个青春是靠自己打拼的。想成为“丑小鸭”还是想成为“白天鹅”，是需要自己去选择的。

这或许是一个看脸的时代，世界的焦点被“白富美”和“高富帅”占据，但是最终还是需要用实力来定格最美的时刻。

或许有些人比较幸运，父母给了她们美貌和显赫的地位，生来就是白富美。可是女人拥有美貌就够了吗？在我看来，任何事物都是具有两面性的，美貌也一样如此。美貌可以获得更多的福利，但是在这背后也隐匿了更多风险。

它像砧板上的一块鲜艳亮丽的小鲜肉，可以令人垂涎，也时刻可以被人抛弃。这样看来，再美丽的外表，如果华而不实，又有什么用呢？所以，我们要让自己充实起来，让自己有修养，让自己有趣，让自己变得更好，更重要的是，让自己有梦。

我们不美，我们为什么还在偷懒？

我们不能就这样认输，不能让我们的人生也“丑”下去！

在这个世界上，有的人天生就是“白富美”，有的人后来变成“白富美”。而我想说，只要努力，让自己充实起来，人人都可以是“白富美”。

下一个“白富美”为什么不能是你呢？

如何评价“高富帅”？ »

可以说，成为“高富帅”是每个男生心中的梦。虽然有的人嘴上不说，但谁不希望自己颜值高，光鲜亮丽，地位显赫，走在街上备受青睐和仰慕呢？

但是，只是拥有这些看似光鲜亮丽的外表，就能被称为“高富帅”吗？当然不，只有高于眼界、富于实践、帅在素养，才能真正地堪称“高富帅”。

米米是我的大学同学，长相并不出众，大学的时候他的那些室友就经常拿他开玩笑，再加上他的条件并不优，走在路上也不会受女生关注。

大学毕业，我们各奔东西，每个人都在为找工作奔波。意外的是，米米在毕业后，并没有忙于工作，而是在忙于梦想。米米早就说过，他的梦想是全国“探险”。

米米与朋友一起找了一份不错的兼职，目的是为了赚一部分路费来支持自己的梦想，之后没多久米米就踏上了全国“探险”的旅程。

随后的几个月，米米天南海北地一路踏过去，住简陋廉价的宾馆，吃当地的特色小吃，与热情好客的朋友合影，然后沿途拍了很多风景照。就这样一路走过来，不知不觉间米米已经踏遍了半个中国。

今年年前，米米邀请我和几个朋友去他家做客，不大的客厅贴满了照片。米米说，他会回来之后就把沿途的照片全部冲洗了出来，留作纪念。

在那些照片中，我看到了他在青岛蓝天白云下跳跃，在夜幕五彩斑斓的灯光下的笑脸……我从中仿佛看到了米米的笃定。

于是，我问米米："之后打算做什么？"米米说："休整一段时间，再赚一些路费，再出发！继续实现我的梦想！"

其实在米米出发之前，身边的好多人都劝他，甚至有些人认为他很苦，没钱穷游又何必呢？好好地留在北京，找份高薪的工作，谈一场轰轰烈烈的恋爱，享受安逸的生活难道不好吗？

米米回答说："我用我自己的实力去赚钱，虽然赚得不多，但是做路费足够。年轻时没有钱，就要吃点儿苦。我只是想做一件我一直都想做的事情，我想实现我的梦想。"

听了他说的话，我突然觉得米米的做法很酷，还有什么能比实现梦想更让人骄傲的事吗？

每个人都在"说"梦，但是有几个人真的像米米这样付出行动了？或许在有的人看来，诗和远方都是有钱人做的事情，是那些所谓的"高富帅"用来消遣的方式。但在我看来，米米的"穷游"才是我们人生中真正应该要做的事情。心中有梦，不畏远方。

其实对于每个年轻人来说，谁不曾经历过自己想做却又做起来很艰苦的事情呢？难过、伤心、失意，都是在梦想的道路上无法绕过去的沟壑；经历过、体会过，为之痛苦过，才会慢慢成长起来。

最怕的是一直停留在过去，陷入自己难过的境遇中不能自拔，也不愿改变。之所以这样，是因为心中没有信念，没有梦想，没有让自己彻底改变的决心。

只要有梦想，什么时候出发都不算晚。我们年轻，我们能吃苦，虽然我们没有钱，但是我们有的是资本和底气。

只要我们努力和上进，未来一定不缺钱，如果我们总是不迈出第一步，那么等真正到了我们自己有钱的时候，再想去出发，那时候我们已经青春不再，激情磨灭，哪还有力气去拼梦想？

千万不要因为自己没钱，自己不是“高富帅”，就对自己梦想拥有的高质量的生活止步不前。假如什么都不敢去尝试和追求，那就永远是别人家的生活。趁年轻，去追吧！

我的一位朋友张先生，是师范大学的高才生，毕业后工作没多久，就被派去西藏支教了。刚开始工作的时候工资少得可怜，住的地方更是艰苦。

幸运的是，张先生的女朋友优优一直陪在他身边，优优的举动一直都不被她身边的朋友看好，甚至没有一个朋友是支持他们的。

不过两个人仍旧一起努力打拼，几个月之后，张先生的收入逐渐好转，优优也在当地找了一份与教育有关的工作，努力经营自己的未来，生活质量越来越高。

前不久，张先生支教年满，带着优优一起回来。回来之后，张先生便用自己的存款在北京买了一套房子，准备订婚。

我想说的是，张先生家境很一般，我刚认识他的时候，他生活过得很窘迫，甚至每天都躲在寝室里吃泡面。但从开始到现在，他的言谈举止不仅不寒酸，甚至很有气场，很有富家公子的范儿，光凭他的自信和底气，就远远超过那些“高富帅”了。

在我们的生活中，有一部分人总是说：“该有的总会有的，不要那么着急。”但是有些东西都是在“等待”中错过的，比如说梦想，比如说更好的生活。

有的人会问，什么是梦想？什么是更好的生活呢？在我看来，这两个问题再简单不过，梦想就是自己最想去做的事情，而更好的生活就是自己想要过的生活。

米米和张先生的生活即是如此。

他们两个没有优越的生活条件，也不是“高富帅”出身，却凭着自己的能力实现了梦想。

其实，即使是“高富帅”又怎样？如果一个人有很多钱，但是不知道如何去更好地生活，如何去实现自己的梦想，那么他不是暴发户就是守财奴，是一个华而不实的摆设而已。

那样俗不可耐的生活，难道是你想要的？

而你如果有梦想、有魄力、有追求、有学识，内心丰富，脚踏实地，即使外表不出众，家境不显赫，也同样是“高富帅”。

所以说，“高富帅”的定义，是所谓的高品质、高质量和高追求。这不仅是一种体验，也是一种人生态度。是一种即使没有处于优越的环境中，也依然要去追求梦想和想要的生活的魄力和信念。这比任何东西都重要。

可以跑得慢，但是不要停 »

有些时候，我们做一件事情之前总是先看看能得到什么样的结果，然后再去向结果迈进。事实上，结果是不应该被关注的一件事情。有些时候，结果并不重要，重要的是一步一个脚印向前跑的过程。只要一直跑，就一定能有所收获。想要成功并不难：跑起来，可以跑得很慢，但是不能停。

潘潘和杨杨在同一家公司上班，是一对形影不离的好朋友。潘潘天生就是个反应快、接受能力强的女孩，学什么做什么都是一点就通，她知道这是她自己的优势，一直以来为此感到骄傲。

杨杨对新事物的接受能力就没有潘潘强，尽管杨杨很努力，但业绩很难挤进公司的前几名，不过她仍旧没有放弃。

杨杨几乎每天早晨四点就起床，她认为每天早晨是大脑思维最敏锐的时刻，最适合去想问题。于是她基本上都是边洗漱边思考当天必须完成的工作。然后她头脑清醒、目标明确地去上班，开始一天的工作。

她总是第一个来到办公室，忙碌起来常常顾不得吃午饭，饿了就买些面包充饥，通常一干就到深夜，甚至第二天凌晨。多少个夜晚，杨杨都是在自己的办公桌前度过的，有时候太累了就趴桌子上休息一会儿，然后打起精神继续工作。

周围的同事总是去劝杨杨，让她不要这么拼，但她总是说："虽然我这样比较辛苦，进步也比较慢，但是至少我努力了，我相信只要我不停止，就一定能成功。"

终于，功夫不负有心人，杨杨的业绩在自己的努力下排进了公司的前三名。

虽然杨杨没有过人的天赋和智慧，但是她并没有停下步伐。她依旧勤奋努力，踏实肯干，从小事做起，一点一点自我超越，最终取得了卓越的成绩。

而聪明骄傲的潘潘呢？她认为自己很优秀，并没有好好利用自己的天赋，而是原地踏步。久而久之，她被杨杨超越，只能郁郁寡欢地去羡慕别人的成功。

通过杨杨和潘潘的故事，我想告诉各位这样一个道理：任何成功，都离不开自身的努力和永不停歇的行动。

只有让自己选择继续奔跑，才能获得进步；只有不断前进，才能征服一切。

在生活中，我们可以选择慢一点儿奔跑，但不要停下自己的脚步。

在追求梦想的路上，成功和安逸是一对仇敌。想要安逸，懒惰就会侵蚀一个人的身体和灵魂，成功也会与你渐行渐远。

杨杨虽然能力上不如潘潘，也没有潘潘那样的天赋，但是她并没有选择放弃自己，依旧在自己的工作岗位上努力付出，挥洒汗水，没有停下工作和学习的脚步。虽然这个过程比较艰辛，也比较缓慢，但是有付出就一定会有回报，总有一天会成功的，不是吗？

倘若她安于现状，不努力不进取，又怎么能取得如今的成绩呢？

日本的“推销之神”原一平在曾经的一场演讲会上，当记者问他推销的秘诀的时候，他在众人面前脱掉了鞋子和袜子，并把提问的记者叫到台上，说：“请你摸摸我的脚底。”

记者摸了摸，很是惊讶，因为原一平的脚底布满了厚厚的一层老茧。

原一平说道：“你们知道为什么我的脚底会有厚厚的一层老茧吗？因为就算我跑得很慢也从来不会停下，所以我走的路比别人走的多得多，跑得也比别人勤。”台下的人沉思片刻后恍然大悟，响起了雷鸣般的掌声。

我认为人生中任何一种成功的获取，都始于勤奋和进取，就像原一平先生一样。想要成功，就要坚持，坚持既是基础，也是秘诀。

一个人想要有所成就，唯一的捷径就是坚持不懈，摆脱浮躁，脚踏实地，一步一个脚印地走下去。就算很慢，那又怎样？命运往往都掌握在努力工作的人手里，所谓的成功正是这些人在工作和生活中努力证明自己的过程。

虽然你的能力和智慧比别人稍微差一些，但是只要你不停下来，就可以在日积月累的“行走”之中弥补这些弱势。只要努力向前走，就一定能得到生活给予我们的回报。回报是对等的，对于每个人来说都是公平的，不付出行动只在原地打转的人，是永远取得不了成功的。

有的人总是请求让老板加薪然后再把工作做好，有的人会等火炉让自己温暖之后才会往里加木柴，有的人总是请老师给自己好成绩之后才会努力用功，农夫总是等有丰收之后才能好好耕田。

与其请求别人，为什么就不能在得到回报之前先付出呢？自己不付出，凭什么求别人给自己收获？收获不会从天而降，自己不去努力一切都是空想。

每个人都渴望得到幸福，幸福是需要自己努力去打拼的，而成功也是用勤奋和努力赚来的。即使你天资一般，但只要坚持走下去，就能弥补自身的不足之处，成为一名成功者。而那些试图绕过勤奋去寻找成功的人，势必会被挡在成功的大门之外。

如果你的未来充满梦想，那么还在等什么？努力地选择奔跑吧，向前看，成功就在不远处。

别轻易“放过”你自己 »

当我们为了心中的梦想孜孜不倦地努力的时候，我们会发现，曾经的那些困难带给我们的打击并不严重。

大部分年轻人的内心，都对未来充满了憧憬和追求。对梦想的渴望，会激励这些年轻人不顾一切地为之努力。当然，如果你希望有一天能过上自己想要的生活，就不要选择“放过”自己。

那些看起来遥不可及的梦想并没有我们想象的那么困难，只要我们勇敢地为梦想跨出第一步，成功就属于我们。

高中同学李媛跟我考进了同一所大学。她想进梦寐以求的艺术系，但在父母的一再期望之下，她还是选择了财务管理系。

一次闲聊，李媛坦诚地对我说：“不想在财务管理系待了，我简直受够了那里的生活。”

我问她为什么。她说：“我在那里学得很抑郁，和很多人都无法沟通。那些学霸的世界，我融入不进去。”

我说，“你也是学霸啊，而且我觉得你比他们都强。”

她说："不，我和他们不一样。"

她说，那些学霸们每天在讨论的都是数字和公式，晚上回到寝室，嘴里说的还是一些计算方法和表格数据。而她觉得，自己本来能绚丽多彩的青春，不应该沉沦在那些枯燥无味的数字里。

李媛的父母喜欢这个专业，他们觉得李媛选择这个专业，就能让人生飞黄腾达。当然，成绩是很重要，但是人生中不是只有成绩，还有生活。

自从进了财务系之后，李媛将大把时间都留给了成绩，而剩下的那少之又少的空闲时间，也只是平常的吃吃逛逛而已。

李媛说："我选择离开，并不是说他们的生活方式不好，只是我不想要过那样压抑的生活，我也不想让父母给我规划我以后要走的路。我有我的梦想，我不想因此就放过我自己的梦想，所以我想去别的地方看看。"

之后的一段时间，李媛就从我的生活中消失了。

毕业后很久，我们单位跟一家公司合作一件新产品，我代表甲方，在会议上又一次见到了李媛。原来，李媛当时不顾父母的阻拦，转去了美院，学了她一直想学的油画。

果然，新的环境，李媛的精神完全与以前不同。由于对油画的热爱和天生的灵气，一时间她在美院小有名气，每天都感觉很好，也做出了不少成绩。毕业之后自己开了一个工作室，事业做得风生水起。

大家都在努力，不过并不是在任何事情面前都是一分耕耘一分收获，有些时候，只有在做自己喜欢的事情的时候，才会收获得更多一些。

其实梦想没有好与不好的区别，学霸们有自己的目标，能在学习中感受到乐趣，当然是再好不过的。而你如果不喜欢这样压抑的环境和生活状态，也不必忍受，转过身去看看外面的世界，追寻自己的梦想和自己想要的东西。

在梦想面前，别轻易“放过”自己。

人的一生很短暂，我们在人生的道路上所经历的人和事，都是我们需要去挑战的对象，然而实际上，自己才是最强大的敌人，要想成功，先要去挑战自己。

在生活中我们面对困难总是容易退缩，甚至躲避，理由是太有难度；面对应该承担的责任，我们会选择推卸，理由是自己没能力；人生的确有很多需要我们去面对的问题，而我们总是用太多的理由去应对。难道我们就要安于现状吗？我们真的就这样放过自己了吗？

国外有一位演说家，他之前由于天生口吃，常常被对手反驳得毫无还击之力，每一次的失败都成了大家嘲讽和挖苦的内容。然而，这位演说家并没有就这样放过自己，也没有因为自己的口吃就自暴自弃，而是每天清晨在大家没起床的时候他就坚持进行演说练习，严格要求自己，不到时间绝不休息。

经过不懈的努力，克服了种种困难，最终成为一名成功的演说高手。

由此可见，无数个成功者都是用自己的信念和意志力战胜自己的。如果因为自己的懦弱和天生的缺陷就放过自己的话，那么又怎么能取得成功呢？

如果你还在退缩，还在犹豫，那就看一看那些成功人士是怎样一步一个脚印走过来的。如果你已经开始向自己宣战的话，一定要坚持下去，不要放过自己。

人生总是在不知不觉间柳暗花明。虽然一开始我们因为种种原因没能走上成功的道路，或许不想让父母失望，或许因为天生的缺陷，但是只要我们不去放弃，勇敢地去选择自己想走的路，总有一天会海阔天空。成功永远属于自己。

即便走错了又怎样？走错了还可以重来。即便选择错了又怎样？选错了还可以改正。心中有梦想的人，只要顺着自己的内心走，严格要求自己，永远没有歧途。

我记得村上春树说过一句话："以卵击石，在高大坚硬的墙和鸡蛋之间，我永远站在鸡蛋的那一方。"

我们还年轻，我们还有很多想做的事情没有做。

或许，我们可以趁着我们还年少，趁我们还轻狂，趁我们青春不晚，趁我们年华未尽，趁我们还怀揣梦想，做一枚勇敢的鸡蛋，和我们的梦想死磕到底，即使粉身碎骨、支离破碎，也不放过自己。

我们每个人都是一枚鸡蛋，看似一样，但是内心却是独一无二的。我们应该过我们自己想过的人生，走我们想走的路，每一枚鸡蛋都是值得去欣赏的。

即便走错，即便遍体鳞伤，也不要轻易放过自己！

一个四处奔波的“坏孩子” »

有一段时间，微博上特别流行这样一段话：“当你不去旅行，不去冒险，不去拼一拼梦想，不过没试过的生活，整天挂着 QQ，聊着微信，逛着淘宝，玩着手游，干着八十岁的老人都能做的事情，你要青春干吗？”

这段话之所以流行，我想，是因为它能够唤醒我们很多人心底沉睡许久的梦想。

策划部有一位四十多岁的窦先生，他是忠实的摇滚爱好者。他对摇滚的爱好，到了你随便说出一个摇滚明星或乐队的名字，他就能从第一张专辑一直说到风格特色。俨然是一位摇滚专家。

听他说，学生时代这种独特的爱好在老师眼里并不被认可，甚至还会因此被老师贴上“坏孩子”的标签。

当时，窦先生在学校成立了一个摇滚社团，他们经常翘课去琴房玩乐队，每次上课点名总是被老师抓包。身边的同学认为他这样会耽误学业，对未来的发展并无益处。不过窦先生对这些看法并不在意，而是继续坚持着看似毫无意义的热爱。

大三的那年暑假，窦先生做了一个惊人的决定，退学去钻研摇滚乐。

窦先生退学之后便开启了旅游模式，他和几个摇滚爱好者同行，去不同的国家感受不同的音乐文化，体会当地的特色和人文，一路过关斩将，PK 掉很多大师级别的竞争者，知名度一路上升，没几年就成为了他们那届毕业生中的翘楚。

而这一切，都要感谢他当年的奋不顾身和走过的路。

后来，年轻的窦先生和一家知名的音乐公司签约，签约的那天，上司对他的评价是："我从来没见过哪个和他同龄的音乐人，在这方面比他知道得更多！"

就这样，窦先生当年不被看好的那一份热爱，竟然成了他通往成功路上的基石。每个人都认为他的爱好毫无用处的时候，他用他的能力和成绩证明了自己。

窦先生为了追逐梦想，夸父逐日般地奔走，在各个国家中游荡，穷尽一切，只为一个旁人看似遥不可及的目标。对于摇滚的热爱，使他所花费的经历远远超过了实际的需要。

然而正是因为他走过的这些路，所见的那些人，体验的那些异国风情，充实了他原本空洞的人生，实现了他内心坚持的梦想。

世界那么大，应该去看看，去走走。

听完他的故事，我有些热血沸腾，就问："那您怎么来我们单位了，怎么不坚持您的梦想呢？"

窦先生笑意浓浓地说："因为我有了女儿，需要让我的家庭感到稳定。”

这句话让我更加震撼。为了家庭，才华横溢的窦先生放弃了自己的梦想，选择了人生中更大的梦想。能为家庭舍弃自由与繁华，这一点也是难能可贵的。

我们的人生都很短暂，我们从出生到死亡的过程之中，注定要走很多的路。生和死就像是起点和终点，而起点和终点之间的距离，并不是一眼就能望到尽头的直线。在连线的尽头，有一个宝藏。

想要得到宝藏，就要走下去，不过其中的轨迹需要我们去探索、去寻找。在这个过程之中，或许我们会遇到很多陌生的人，或许会经历很多困难和坎坷，然而想知道我们最后能获得什么，就必须义无反顾地埋头走下去，否则将永远与成功无缘。

这整个过程也许会很累，也许我们会遭受打击然后筋疲力尽，但是我相信沿途中的风景一定极美，是任何人都欣赏不到的。正是因为有了这些风景，人生才丰富多彩，独一无二。

我们每个人，都应该做一个四处奔波的“坏孩子”。

任何事情并不是只有唯一一个结果，人生中那些让自己成功的机会，只属于那些心无杂念、凭借着一腔热血，怀揣着梦想说走就走的人，正是这种不计结果说上路就上路的冲劲儿，才让人生充满了更多的可能，才让人生遇到更多成功的机会。

多出去走一走，你会发现不一样的世界。如果你在一个地方待得太久了，觉得腻了烦了，那么就出去走一走吧，万一能时来运转呢？

我认为在有些时候，我们应该忘记得失，忘记结局，也不要在意能不能超越什么人。我们只需要把力量和精力都集结于脚下，将目光停留在沿途的美景中，一步一个脚印地往前走，四处奔波，永远都不回头。

只有这样，才能不被利益和荣耀牵绊住，得以和人生中的惊喜和机遇拥抱。

人们常说有梦想的人需要远行，而远行的意义就在于走别人不敢走的路。这是每一个梦想者必须具备的勇气和魄力。

不探索外面的世界，不丰富自己的阅历，又怎么能提升呢？读万卷书，不如行万里路，听别人说，不如自己亲身感受。

当你带着自己的梦想上路的时候，你才能找到存在的意义；当你看到山村的孩子连饭都吃不上的时候，你才会珍惜当下的生活；当你登上雪山体验“一览众山小”的时候，你才知道自己是多么渺小。而你所谓的那些挫折和打击，困难和痛苦，都那么地不值一提。

生命短暂且难以预测，我们能去做的，就是让自己的生活更丰富多彩，让人生更有意义。

心有美景，才要远行；怀揣梦想，才要上路。如果心中无梦想，那么上路又有何意义呢？

荒唐的事情是帮助我们完整人生的 »

我们每个人在短暂的一生中，都会经历很多这样或者那样的事，有开心和快乐的，也有痛苦和荒唐的。

快乐的事情能帮助我们丰富人生，荒唐的事情能帮助我们完整人生。只是看你怎样选择罢了。

我们在人生中所面对的一切，都是我们成熟之前必须经历的。只要你扛得住命运的荒唐和多变，早晚有一天，整个世界都是你的。

我的好友林凌是一位报社编辑，他的工作效率高得惊人，别人要排一天的版面，他半天就能搞定，不仅选材新颖，文学造诣也很高。

稿子写得能跟金牌记者媲美，甚至连拍照都很完美，堪称专业。大家都觉得他是报社里的“天才”。但是他具备的这些能力，并不是与生俱来的，而是要拜他之前的领导所赐。

他之前所在的报社，领导为了节约开支，总是让他做一些看似很“荒唐”的事情，把原本应该三个编辑做的事情都让他一个人去做。有的时候版面不够，就让他一次性把版面补全，甚至为了节约请摄影师的开支，让他代替摄影师拍照片。既是记者又是摄影师，这样荒唐的工作让他几乎崩溃。

后来他辞职了，想去一家非常知名的报社碰碰运气，没想到竟然出乎意料地顺利。面试的时候要求做版面，他做得又快又好，他带了之前拍摄的新闻配图给面试官看，令面试官很是惊叹。

他的能力在面试的时候很是加分，于是他被那家报社顺理成章地聘用，并且没多久就升职了。

就这样，当初他所做的那些不公平和很荒唐的事情，如今变成了他强化自己能力的力量，让他的人生从此发光发热。

张爱玲曾经说过："生活就像是一袭华丽的袍子，里面藏满了虱子。"在我看来，我们生活中所遇到的那些荒唐的事情和挫折，就是虱子。

再美好安逸的生活也不可能没有挫折，再完美的人生也不可能缺少一些荒唐的事情。在前进的人生道路上我们难免会遇到各种各样的问题，体会命运给我们带来的酸甜苦辣，体会世态炎凉。

有的时候，我们总是抱怨生活太荒唐，人生糟透了，恨不得自己马上从这个世界上消失永远都不要再出现。但是我们让自己冷静下来想一想，这些荒唐的事情只不过是命运给我们的磨炼和刁难罢了，没人能躲得掉。

荒唐的事情是帮助我们完整人生的。

佳楠是我同事的一位客户，当时给我印象最深的就是她身上穿的那件鲜红色的露肩长裙和一脸浓妆。她对人总是笑盈盈的，我很欣赏她的个性，就主动找她聊了起来。后来我们一有时间就会出来逛街吃饭。

之后的一段时间，我得知佳楠其实已经结婚了，不过刚一年就因为她的丈夫出轨而离了婚。一个人带着女儿，日子过得并不算富裕。她经历了那么多的事情，却从来都没见过她发愁。

前几天，我们一起喝下午茶，我问佳楠：“你一个人带孩子不觉得很痛苦吗？”

佳楠说：“人生在世，又有谁能过得如意呢？我们改变不了命运的安排，但是我们可以改变自己，总有一些事情能使我们变得坚强。”

她的话深深触动了我。确实，我们会遇到许多像佳楠经历的难题，但这又能怎样？这就是人生。

命运是一个难缠的家伙，甚至有些恶趣味，冷不防就会使出一个招数，给原本好好的生活制造一些荒唐的事情。

面对这些荒唐的事情，我们可以放肆大哭来宣泄自己的情绪，也可以肆意悲伤来证明自己的不满。然而我们不妨去想一想，正是这些荒唐的事情才让我们看清楚这一切，然后变得勇敢坚强。

有人说，对于人生中出现的那些荒唐的事情，除了恨，似乎没有别的办法。在我看来，最好的方式，便是把这些荒唐的事情当作经验和教训。

不要总是去恨那些让自己不快乐的人和我们所经历的那些看似很荒唐的事情，更不要让恨牵绊着我们的生活和前进的步伐。荒唐的事情本来就是生活中必不可少的一部分，哪怕我们被命运折磨得遍体鳞伤，也要微笑接受坦然面对，再苦也要生活下去，不是吗？

当有一天，我们得到了想要的一切，过上了想要的生活，这时候我们猛然间回头，会惊喜地发现，原来之前我们走过的那些崎岖的路，经历过的那些荒唐的事情，遇到的那些奇怪的人，都是组成我们人生的一部分，少一个都成就不了如今的我们。

当你恍然大悟的时候，你一定会像命运致敬，感谢那些荒唐的岁月以及命运给我们的考验让我们变得坚韧不拔，让我们的人生充满光彩。

上帝故意给你发错牌 »

生活并不总是一帆风顺的，我们不可能一直都是幸运的，人生在世，总要经历一些打击和磨难，对于年轻的我们来说，如今所承受的磨难是未来最宝贵的财富。多经历一些风浪，多接受一些教训，才能让我们变得更加坚强。

最近一次见到邵先生是在两个月前的大学同学聚会上。那天他穿了一套运动装，一脸疲惫。在饭桌上，听他说了他这些年的坎坷经历。

大学毕业之后，他就在家人的赞助下开了一间广告设计工作室，但是那段时间广告设计似乎竞争非常激烈，他的工作室比不上那些上市的大公司，于是没过多久就倒闭了。

后来邵先生就去帮朋友一起做生意，但只做了半年，朋友的公司因为牵扯进了经济纠纷，没多久就关门了。

再后来，邵先生又和一个哥们儿在家附近合伙开了一家火锅店，刚开始生意还不错，但是后来由于周边的餐饮业迅猛发展，小火锅店的生意越来越差，无奈之下只得停业。

后来邵先生在几乎接近绝望的时候，终于在一家外贸公司找到了一份稳定的工作。

总之在我们毕业后的几年时间里，邵先生换了很多工作，也做过生意，但是上帝似乎总是在和他开玩笑，每次都以失败告终。

我在想，每个人的一生或许都会像邵先生一样，注定要经历一些沟沟坎坎，品尝生活的酸甜苦辣，人生的失意与无奈。生活不会一帆风顺，而挫折，是人生中必须经历的一课。

每个人的人生都不可能是一帆风顺的。太阳有升落，月亮有圆缺；生活也一样，困难与挫折、磨难与缺憾，本来就是生活的一个组成部分。只有经得起命运的考验，才能在风雨后见到绚丽的彩虹。

其实我们仔细想想看，这个世界上，有谁能过得一帆风顺，事事都顺心如意呢？我们幸福的感觉都是相同的，但是痛苦和失败的原因却各不相同。

有的时候生活就像发牌一样，上帝不会总是给你发一手好牌，每个人都不会永远地幸运，难免会遇到这样那样的挫折，而每一次挫折都是上帝对我们的考验。

有的人一定会痛恨上帝的这种"捉弄"，认为上帝是一个十恶不赦的恶人，总是让苦难降临到我们头上。但是不妨换个角度想一想，我们的人生难道不是因为有了这些小苦难才变得丰富多彩吗？有些时候正是我们生活中的种种不幸，才让我们在困难面前更具有战斗力。

我的一个朋友茂茂，她才华横溢，样貌出众，踏实努力。大学四年后顺利毕业，她很快就跟相恋十年的男友步入了婚姻殿堂，做起了全职太太，日子过得快乐安逸。

然而好景不长，这样的日子没持续多久“灾难”就降临到了她的头上。

一次工作上的意外，让茂茂的父亲脑部严重受损，不记得身边的每一个人。面对这样一个突如其来的打击，茂茂仿佛跌落进了万丈深渊，辛辛苦苦经营的幸福生活就这样崩塌了。之前过着平稳生活的茂茂只得东奔西走，为父亲筹备昂贵的医药费。

前不久，我与茂茂相遇，曾经如花似玉的茂茂仿佛一夜之间苍老了许多。她对我说，这次意外让她懂得了珍惜。

人这一生，多少会经历一些大风大浪，过于平淡的生活过久了也会觉得没意思。尽管有些风浪并不是我们想要的，尽管有些苦难我们并不想经历。不过既然上帝把它们降临到我们头上，我们就要勇敢地去面对和接受。这才是生活的真谛。

生活是我们最好的老师，它可以教会我们很多书本上没有学到的知识。

生活本来就艰难困苦，与其躲躲藏藏，倒不如积极去应对。我们在年少的时候，总是抱怨生活太艰难，然而到底有多艰难，那时的我们还无法用言语去描述，也没人愿意对我们提及。

随着年龄的不断增长，到了经营生活的年纪，了解和认识这个世界之后，我们心里才会有所顾虑，然后去制订自己的目标，确定自己前进的方向。不然我们总是停留在安逸中，每天吃喝玩乐，肆意挥霍，颓废享乐，总有一天会忘记自己身处何处。

命运多舛，在不幸降临之前，我们是要提早做准备的，就像纸牌游戏一样，在对方还没出牌的时候，自己就要想好用哪张牌去应对，这样才有胜算。

感谢上帝为我们制造的种种不幸，这些不幸是为了让我们更好地奋斗，这些不幸让我们更加珍惜眼前的一切，这些不幸让我们挑战挫折，变得更加强大。

更重要的，是让我们能走出过去的阴霾，做更好的自己。

因为那些生活中的不幸，我们才有面对未来的底气。

Part 7

生活从来都是靠自己成全

您的青春已余额不足，且无法充值 »

虽然现在已经参加工作了，但我总在回想我跟小俊在毕业那年拉着拉杆箱，背对背渐行渐远的感觉。泪水在脸上放肆地流，内心中充斥着对校园生活的不舍，以及对未来天地的期待。

小俊曾说："我要试着去放肆，试着去闯荡，让我的青春好好燃烧一把！"那时，她的宣言也将我的斗志狠狠地点燃了一把青春的大火。

盛夏是个伤感的季节，随着毕业钟声的响起，迎来告别的一季。与小学告别，与中学相遇；与中学告别，与大学相遇；与大学告别，与社会相遇；我们会告别一些人，会和另外一群人相遇，我们也将会告别故乡，与陌生的城市来一场未知的相遇。在一切的告别中，我们终将提起行囊，逐渐告别我们的青春。

我总在想青春对我们而言意味着什么，一场考试、一场分别，还是一次后会无期的旅行，又或者是一段潇洒疯狂的时光？每个人心中定义的青春或许都有所区别，但每个人的青春中都积蓄着我们人生中最美好的那些回忆。

庆幸的是，我们每个人都拥有最昂贵的青春；惋惜的是，青春的时光总是那么有限，“后悔”总是成为多少青春无法弥补之人的共鸣。

“好后悔没有跟自己喜欢的女孩儿告白。”

“好后悔没有干几件疯狂的事情。”

“好后悔没好好利用时间来学习。”

“好后悔没有一场说走就走的旅行。”

大多数的人，还没来得及珍惜青春，青春就像是一道光转瞬而逝。遗憾和后悔构成了青春的色调，时间却成为了青春的后悔药。

青春是一段有去无回的旅行，并且没有后悔重来的可能。所以，浪费时间，是一件无比可怕的事情。

告别校园，走入社会，成了大多数人茫然的开始。他们每天都要问上帝一万遍：“我该怎么办？我该怎么办？”有多少人每天都在用“茫然”消耗着青春易逝的时间，用励志热血的鸡汤安慰着那些逝去的时间呢？

就像小俊，离开学校后，她每天都会在朋友圈转发至少十几条鸡汤文，不知道是想激励自己还是感动他人。反正，我在刚开始看的时候还有些热血沸腾，但是看得多了，最后也就无感了。前些日子，我们在微信上闲聊，就互相问了一下彼此的近况。

她说：“毕业之后，一直觉得好茫然，不知道选择一份什么工作，不知道自己适合什么工作。北漂也有两年了，居然有了想要放弃闯荡、谋求稳定的想法。也许是因为自己找不到喜欢干的事儿吧。”

茫然成了很多像小俊一样毕业生的心头病，他们一直用茫茫然的态度，在社会中寻求一份存在感，可时间的流逝让每个人都变得不再像青春年少时那样无所畏惧，反而寻求妥协稳定，得以找到一份自以为的安全感。

时间给了我们一个限定，我们给了自己一个限定。我们把自己框在了时间范畴里，以“所剩无几的时间”为借口，不断朝着求稳的路上走着。想想都感觉到有些可怕。

也有人给自己找了很多的理由和借口，比如“我终于变得现实了”“我终于不再异想天开了”……打着历练过社会的幌子告诉我们，稳定未尝不是人生的一种追求，谁说我们生来就是为成功而来？

于是，这些人找到了一个让自己拒绝奋斗的借口，那就是“稳定”。

我借用李尚龙说的一句话来打掉以上所有借口，那就是：你所谓的稳定，不过是在浪费生命。

朋友欣悦一毕业就回了家，听从父母的安排，进了一家正规的事业单位上班。按照他的说法就是，生活规律、工资稳定、福利待遇优厚，每天闲暇时间跟朋友出来喝个茶，聊会儿天，享受每天平淡安逸的生活，就这么一辈子安稳地过下去也挺好。

为了稳定，我们在追寻一切可以舒适的区域；为了稳定，我们试着接受了一个不怎么感兴趣的职业；为了稳定，我们选择了一份没有挑战的工作。

年纪轻轻的我们，早早地接受了这所谓的稳定。其实这并不是在追求稳定，而是贪图一时享受的安逸。而真正的稳定，是需要花费更多精力去建设的，绝不是过着在安逸中混吃等死的日子。

在网上看过一篇报道，说现在很多应届毕业生宁可选择做月薪两千五的文员，也不愿意做底薪三千加提成的销售。只因销售不够稳定且压力大，还经常到外面出差。但文员一类的文职工作就不用担心这些，因为足够轻松稳定。

而且收入也稳定，稳定到出去吃一顿饭、看一场电影都要纠结上老半天，稳定到想去孝敬父母的余钱都没有，稳定到每月都要为房租水电费有没有钱交而担忧。但很奇怪，有相当一部分人愿意享受这样的稳定。我实在不理解，这些稳定究竟给生活带来了什么？

看着别人住着大房子，开着豪车，而你可能还在盘算着下一个月的月供。走到商场，看见喜欢的衣服，结果一看价格，随便一件就几百几千的，于是安慰自己“衣服款式不行，颜色太丑，再看看吧”。

朋友生日的时候别人送名牌，我们送淘宝款；别人巴黎一日游，我们公园休闲一日游；别人拿着钱孝敬父母的时候，我们只有在心里孝敬。这时候你不心酸难过吗？

社会永远是公平的，付出多收获自然就多，付出少收获自然就少，因为生活从来都只能靠自己成全。

那些比你牛的人，他们只是在很早的时候就选择了奋斗，因为他们知道，青春是贬值很快的东西，而且无法充值，时间从来不会亏待每一个对它认真付出的人。

简白说过：你所谓的稳定，其实只是假象，不要在该奋斗的年纪选择了安逸。在想要成全自己的人生时，我们应该先想一下，究竟怎么做，才能让我们的青春余额被花费得更有价值。

你想要的生活不能只是说说而已 »

偶尔会想起汪峰的那首歌《怒放的生命》，真是唱出了太多年轻人的心声。

曾经多少次跌倒在路上，

曾经多少次折断过翅膀，

如今我已不再感到彷徨，

我想超越这平凡的生活……

每个人年少时都有过钻石般发光的梦想，想着有朝一日可以实现自己的梦想。可到了最后，不甘平庸的大多数人却过上了平庸的日子，那些曾经的梦想，从此也幻化成影子淹没在琐碎的生活里。

究竟是我们改变了生活，还是生活改变了我们？怎么我们曾经想要的生活都变成了“说一说而已”。是梦想的重量太重，还是我们的脚步太轻？

老同学阿诚作为一个九零后北漂，也是怀着激情与梦想来到了期待中的北京。以前还处在学校象牙塔中的阿诚就曾说过：“北京是一个施展拳脚的帝都，我要在这里闯出一片属于我的天地。”

他的同伴听着的时候，都感觉到一阵热血的气息在荡漾，也从未质疑过他当时的赤诚之心。可现实就喜欢跟我们这些年轻人开玩笑，有人能开得起，而有人却掉到了玩笑中去。阿诚就是其中一人。

记得阿诚来到北京面临的第一个难题就是找工作。在学校的时候，骄傲的他说非名企不去。当然，最后他也收到了一家名企的面试邀约，可当他面试的时候，他蒙了。

他面试的岗位，同时有好几十号人在竞争，其中不乏各个名牌大学毕业的学生。而他除了在自己学校是好学生之外，没有任何特色。

结果当然可想而知，他被淘汰了。面对人生中第一次被拒，骄傲的他享受够了在学校被簇拥的日子，哪里受得了这样的暴击？

最后他退缩了，没有再选择去名企面试，而是去了一家普通的公司。他成了普通公司的普通一员，和大家一样，过着朝九晚五的生活。这样规律的日子，也渐渐消磨了他的意志，当初想要在北京闯出一片天地的想法也消散在了北京的空气中。

有时候，我们想要的生活总是被现实打败，其实不过是自己打败了自己。任何你想要的生活，都是经历过痛苦挣扎后才会得到的。

孟子曾说的“天降大任”，是以经历过心志磨炼，扛过折磨的增益为前提，才可能会达到的理想彼岸。而我们在面对困难时，经不起一点儿敲击；稍微碰到一点儿挫折，便心生畏惧，止步不前，最后只能与自己的梦想说拜拜。

坚定的梦想，从不会被现实打败。我坚信，有些事物是可以经过现实的锤打，最终开出五彩的花。只要你足够坚定你想要的，你所想要的生活也最终会回馈给你。

最近网络曝光了一段视频，是马云二十一年前推销业务遭拒的情境。那时的他还是一个一文不名的创业者，他向别人推销自己的网络产品时屡屡遭拒。

因为当时几乎没人听说过互联网，所以，很多人不懂他的创业理想，自然不会冒着风险去合作。面对屡屡遭拒的经历，他没有放弃，他始终坚信他想要的东西。

那时，他说过一句话："再过几年，北京就不会这么对我。"果然二十年后，他实现了自己的誓言。而在今天，恐怕无人不知晓淘宝，无人不知晓马云。

马云凭什么可以成功，而我们很多人最后却沦为了普通人。这其中的缘由，我想每个人都明白：大多数人在自己梦想上，让自己成为了语言的巨人，行动上的矮子。

你想要的生活从来都是靠自己成全，不能只是说一说而已。

国辉是之前外出工作认识的一个朋友，我们一见如故，相谈甚欢。那时，他即将面临毕业，走入社会。之后，我们畅聊了一下彼此的人生。

他和我说了一些他之前在校的经历。大一便开始了"小创业"，在校内找同学做调研，研究大学生的需求，之后在校内摆起小摊儿。尽管挣得不多，但是他觉得很满足。

国辉说："大学生没有什么资金，摆小摊是一个很好的选择。风险低，投入少，收益还算乐观。千万不要小看摆小摊，里面也有大学问呢，这些都是我将来的财富。"

随后，我问了他一句：“你将来要干吗？”他目光很坚定地说了一句：“我当然要创业，干一番自己的事业。”或许是被他的某种创业热情感染了吧，我对他说了一句：“只要努力不放弃，你会得到你想要的生活。”

如今他毕业也有三年了吧，期间我们也会偶尔联系。他最近在微信上给我留言说，他要搞一个项目，这个项目可能会成为他终生的事业。

我听着他满是热血的宣言，竟然有些激动，他依然没有放弃他创业的理想。他把他具体的安排和目标跟我说了一下，听完之后，我觉得他比以前更加成熟了，无论是从想法上还是说话上，他都变得更好了。

社会的历练不但没有打垮他，反而让他越来越强大了。

我也很庆幸，对创业他依然这般热血，我真替他开心。他现在已经走在了创业的路上。我相信，他会找到他想要的生活。

有时候，我们对自己想要的生活只是多了一份坚持和执着的勇气而已。

我的朋友国辉，他没有站在人生的十字路口患得患失，能果断坚定地选择自己想要的，并为之努力奋斗，何愁得不到自己想要的生活？可是大多数人选择用“茫然”和“现实”的借口来结束自己的追求。

我们身边的很多人，总是喜欢把想做的事情留在以后：把旅行留在下次，把梦想留在未来。然后未来的那个时间点变得越来越远，最后成为了时间的奴隶，所说的未来也变成了说说而已。

哪有那么多未来等着你，你只有现在。我们想要的生活从来都是靠我们自己来成全，不要再只是说一说而已。

本就空手来到这世界，不能再空手离开 ››

“每一个不曾起舞的日子，都是对生命的辜负。”

每次听到这句话的时候，我心里总是热血沸腾的。可身处物欲横流的现实世界里，这句话越发变得奢侈。很多走出校园的人们，挣脱不了现实的枷锁，沦为现实的奴隶。似乎早已忘记自己曾经也有过很热血的理想，一步一步朝着现实的深渊走去。

大多数人经历了所谓的“现实”世界之后，选择跟这个世界妥协。按部就班地走在了别人规定的路线上，工作、结婚、升职……

这群人好像忘记自己出发的初衷，在现实的旋涡中掉了下去。但也不乏有一些人在“梦想注定孤独的路上”继续前行，从来没有放弃过自己的理想。即使现实坎坷丛生，依然不能将他们打倒，他们选择一路前行。

其实，走在梦想的道路上是一件很幸福的事情，但中间必然要承受很多考验和挫折，这是我们成功必须经历的过程。既然我们来到这世界，就不要辜负来这世界走一回的机会。我们选择努力前行，就是对人生最好的诠释。

某一天，朋友芮芮和我在聊天，说起了现在对未来的迷茫。朋友芮芮说：现在家里总是催自己回去发展，身边有一群好朋友都已经结婚生子，家里担心自己一直单下去。现在北京物价高，房价贵，人流多，想着未知的前途，有时候不知道能不能继续走下去。

芮芮从毕业到现在，在北京待了也有五六年了。如今依然在这偌大的帝都拼搏着，虽然已经取得了一些小成绩，但离自己想要的成功还差些距离。

这几年，她几乎每天过着拼死拼活的日子，累归累，但心里有希望，总归还是可以释怀的。她总想着自己那么努力，总有一天会成功的吧。

有时候也会抱怨两句自己的现况，说自己基本没什么时间去享受生活，但终归抱怨是抱怨，她一直没忘记自己的目标，依然选择继续向前努力着。

我问她："想过什么时候离开北京吗？"

芮芮迟疑了一下说："不知道，现在回去总是觉得有那么点儿不甘心。"

我知道芮芮在自己的梦想道路上已经坚持好多年了，回去对她来说意味着什么。而且当我听着她还能说出"不甘心"三个字时，我知道她并没有放弃追逐她的梦想。

我们坚持，我们希望得到一个称心如意的结果。虽然有时候会因为社会的某些标杆而困惑，想要选择放弃，但内心总有个声音告诉自己：我放弃了，我可能前功尽弃。再往前走一步，我可能会离成功近一些。

像芮芮一样，现在太多人面对未知的前途，不知道再坚持下去会有什么结果。有人会觉得：“我都这把年纪了，已经快等不起了！”“我现在这么拼，成功离自己还那么远，这样继续下去不知道是否值得？”

面对未知的迷茫，我们有过放弃的念头，但我们一直还在不甘心地前行着，那句“不服气”引起了很多人的共鸣。

我们选择不辜负时光，是为了不辜负自己，不辜负这一生，不辜负这个世界。

我们空手来到这世界，带着满心期待，总希望给生命留下点儿什么。有时候，尽管梦想离我们很遥远，但在我们有生之年，勇敢地去努力触碰，那也是一种不枉此生吧！

努力前进，是证明我们不枉此生的生命痕迹。

我在旅行中认识的一个小女孩儿，她叫于飞。她马上就要飞往巴黎学习了。认识她的时候，她才二十二岁，一口不整齐的牙齿，但是很可爱。

这几年，我们虽然甚少联系，但还是能从她的微信中看到她的状态。前年，她辞了工作，拿出一部分积蓄去了想去的地方，还出了一本书。

我从网上买她的书看，书中尽显了一个励志女孩儿如何从迷茫走向自我的过程。她总是忠于自己内心的想法，并用行动去追逐它。我感叹：在如今的社会，这样真是挺难得的！书中有别人给她拍的照片，她之前不整齐的牙齿也变得整齐，整个脸上散发出青春的朝气。

日复一日，看着眼前的这个女孩儿早已褪去年少的迷茫，越来越清楚自己想要的生活，并为之去努力奋斗，我由衷地为她感到开心。这应该就是大家口中常说的“越努力的女孩儿越好运”吧！

如今，她选择去巴黎学习服装设计，追逐小时候的梦想。在这里，我替她加油，因为青春时光太过可贵了，她敢于去追寻自己的梦想，这是一件多么值得称赞的事情。

有时候，我们努力前进，是为了不辜负时光，不辜负自己。

对于转瞬即逝的时间，现在太多人选择了把它浪费在抱怨上，还有选择稳定上。以致一生碌碌无为，毫无所成，抱着遗憾悔恨终生。

就比如说，好多人当初抱着美好的梦想来到北京，最后又带着无奈离去。有时候并不是因为自己不行，而是自己不够努力，或者没开始努力就选择安逸了，甘心让时间的刀痕一点儿一点儿凌迟自己，最后随时间的流逝，灭亡，化成尘土。

我们本就空手来到这人世，不应该再空手离开。

在我们有限的生命里，再努力一点儿，再认真一点儿，再用力一点儿。时间不会辜负努力的人，那么，我们也不要辜负时间的一片诚意。

不管我们选择了哪条路，都希望我们有一个不辜负的人生。

原谅走过的曲折，原来留下的都是真的 »

如果没有经历过那么一段难熬和曲折的岁月，她一定不会成为现在的自己。

这个她，指的是我好友，贝子。偶然在刷朋友圈的时候，看见了贝子的消息。打开她在朋友圈发的照片，很清楚地看到了她衣服上挂着明晃晃的“销售经理”的胸牌，顿时感觉眼前一亮。

遥想当年，我们大家总是称呼贝子为“不省心小姐”，原因同学们都知道。贝子是班级里出了名的闯祸精。性格有点儿像男孩子，说话很直，经常说错话得罪人。有时候她本是好意帮助同学，最后也会因为那张嘴，落下个吃力不讨好的结果。还有，只要是她想干的事儿，不管对错，都会一根筋地做下去。这就是我印象中傻傻一根筋的贝子。

曾经的“不省心小姐”成为了如今的金牌销售，多少有些令人吃惊。那些不被看好的曾经，那些标着“不行”的标签，在成功的那一刻，都会成为一句玩笑话。而我们往往看到的只是眼前的成功，看不到成功背后的心酸，那是走过多少曲折的小路才会到达彼岸。贝子也是如此。记住，没有人随随便便就可以成功，因为挫折磨难从不会眷顾这些想要成功的人。

贝子跟很多大学生一样，刚步入社会的时候，对自己的前程和抉择感到一片茫然。面对残酷而又竞争激烈的都市，生存是第一考量。对于贝子这样性格的女孩儿，好像上天总是会让她比常人走的路更加曲折丰富。

她刚走入社会，就经受了很多被拒之门外的求职经历，面试的十家公司没有一家选上她。最后连她都苦笑着说："上天是考验她的耐心吗？"怀着孤注一掷的心情，她在迷茫痛哭后选择了一份门槛低的工作，抱着不灭的希望走入了有"魔鬼"之称的销售行业。

销售行业之所以被称为"魔鬼"，就是因为很少人能够在这么大压力的工作中脱颖而出。对于当时的贝子更是有些不可能。

当时的贝子只是众多销售员中的普通一员，她甚至没有出众的口才，没有什么特别奇特的经历，也没什么值得炫耀的销售经验。但不管何时，她总是会有一颗勇敢前进的心。这也是我佩服贝子的地方。

在销售这条路上，贝子说她吃过太多亏，走过太多冤枉的路，跌过很多次然后再爬起来，说起来都是一部辛酸的血泪史。但她从来没有惧怕过这些挫折困难，依然抱着希望前行，一颗倔强的心驱使她不可以倒下，所以她成功了。

时间会让每个人长大，只是早晚的区别罢了。经历过的每一次挫折，每一份痛苦，最后都会以不一样的形式再还给自己。教训也好，深思也罢，这些都是我们前进道路上的财富。

像贝子一样，我们终会褪去年少的青涩和冲动，变得更加成熟，对自己说过的话和做过的事情负责。不要埋怨那些走过的曲折，它是我们前进的基石。痛苦永远是我们成长的催化剂，没经历过挫折磨难的人，不会懂得风雨后的彩虹心境。

面对不平坦的人生道路，我们也许痛苦于当时的挫折磨难，可当我们挺过来回味的时候，会感谢那些曾经走过的曲折，指引我们到达想去的地方。

这时，曲折也成为了我们生命中不可缺少的光彩。我们最后发现，原来走过的曲折都会变成一条条彩虹，绚烂无比。

想必经历过很多次失业的人，之后会变得珍惜每一次的工作机会；想必经历过很多感情失败的人，也越来越懂得珍惜身边的爱人；

想必经历过人生大起大落的人，终究会看淡人生的种种物欲，寻求心灵的宁静。如若没有经历这些曲折，又怎会知道人生的意义呢？

现实中，还是不乏一些寻求捷径的人，想要很快获得成功，可最后总是败于现实，为什么呢？大多数人接受不了那些曲折中的磨难挫折，宁可选择悲观失望，长吁短叹，也不会勇敢前行。这些人成了曲折的落脚点，结束了自己想要开始的一切可能。

每个人也许都曾经立志成为一个什么样的人，最后却因为现实的种种约束，变成了自己不喜欢的那种人。大多数人是因为不敢面对未知的恐惧，最后小心翼翼地苟活，选择了认为平坦的人生。可人生本就不是笔直的道路，曲折更是一种人生常态。

倘若我们把曲折看成前行的另一种形式，就如蜿蜒曲折的河流一样，最终会抵达汪洋大海。我们应该友好地对待曲折人生。

原谅走过的曲折，留下来的都会成为生命中最重要的一部分。

由董卿主持的央视朗读真人秀节目《朗读者》一经播出，受到很多好评。在电视屏幕里看着我们眼里认为的成功者，他们其实跟我们一样，也都经历过人生中的各种曲折。

听到王学圻分享了第一次当导演的故事，感到深深佩服。这部影片因为资金不足，最后只精简到三个人的剧组，他硬着头皮亲自操刀剪辑，即使他从来没有剪辑过影片。从上剪辑台到终审成片，历经十五剪，在他剪辑了一版又一版，最后剪到自己都觉得不好时，他说道：“我知道是有问题的，我觉得，知道有问题就有解决问题的希望。”

即使面对很多困难，但他没有放弃希望，这是难能可贵的。最后，他剪辑的《太阳鸟》这部影片在国际电影节上获奖了。获奖时，他站在台上激动地哭了。没有人知道这背后付出了多少努力，走过多少曲折的路。可回头看，这些都会成为他人生中最宝贵的财富。

在人生选择的路上，原谅走过的曲折，原来留下的都是真的。

求而不得未必就是遗憾 »

这个世界的神奇之处，就在于让你猜不中开头也猜不中结尾，但却也为之着迷得神魂颠倒。所以最后才有了“人生不能太过圆满，求而不得未必是一种遗憾”的感叹。

现实中的童话世界是不存在的，关于成长这件事儿，从来就没有停下它的脚步。有时为人，有时为事。

有时付出努力，也不一定会有回报，但没有遗憾。人生，就是不断地追求，不断地达成，不断地失望，又不断地重燃希望。曾经以为求而不得会折磨人的一生，没想到一经过时间的洗礼，求而不得也就没那么重要了。

前段时间，听到朋友树树的倾诉。她跟我说，她遇到一个很喜欢的男孩儿，但一直没敢去表白，她害怕被喜欢的男孩儿拒绝，那样真的是太丢人。所以一直处于暗恋中的安全状态，每天还得忍受着求而不得的折磨，她感到很痛苦。对此，她问了一下我的意见：“到底该不该主动向他表白？”

作为朋友，我当然鼓励她去。即使最后得不到，也要有求而得之的勇气，最后也不怕不得之的遗憾。暗恋最伟大的行为，是成全。你不爱我，但是我成全你。同样，我爱你，也是成全自己。就算没有结局，但不会有遗憾。

面对爱情，求而不得是一种常态，但未必是一种遗憾。

想起电视剧《欢乐颂》中的曲筱绡，恐怕没有一个人不羡慕这样的人设。每个人骨子里都想活出曲筱绡那股潇洒劲儿，无论是对待友情、爱情，还是自己的事业，来得都是那么直接干脆，敢爱敢恨。

我们从心底羡慕曲筱绡这种人，可大部分人做了关雎尔。有了喜欢的人，却也只是暗恋，爱情还没开始就被自己亲手掐死在萌芽状态里了。多少人单身是没有勇气跨出那一步，最后变成遗憾。

所谓的求而不得，是在行动的前提下，才不算是一种遗憾。所以，有时候想想，失恋不可怕，比失恋更可怕的是不再敢追求自己想要的事物，从此缩手缩脚，再也潇洒不起来。

求而不得，重要的是求于内心，忠于自我。

我们往往发现，在追爱的过程中，最痛苦的不是得不到爱的人，而是在追逐的路上失去了自己。

于是我们痛苦、纠结，最后忘却了自己的初心。在时间的渲染下，丧失了当初的模样，连同破碎了的是最初心底那个美好的梦。

没有谁的人生能够圆满，“自己喜欢的人都会喜欢自己，自己想要的一切都会满足自己”，那样设定中的完美人生又有什么意义呢？我们来到这世界，总要经历这些求而不得的痛苦，才会懂得生命的真谛。

前几天看新闻说，杭州的一位叫明松的男子，相亲五十次均失败，一件多么求而不得的故事。多年前就想结婚的明松，恋爱、相亲、网聊、租女友……这么多年来一次次的尝试，都因为种种原因以失败告终。

不是对方看不上他，就是他看不上对方，眼看年纪摆在那儿，干着急也没招。曾经信誓旦旦的他说，一定要找个“满意”的媳妇带回家！可现实是，他没房没车，身高还是硬伤，想讨个漂亮媳妇显然比登天还难。

这个故事正好应了那句话“得不到的永远在骚动”。总有一些人，得不到的偏偏想要，最后也只能剩下一声哀叹，还把自己的人生留给了埋怨。有时候，不是我们缺少勇气，是我们缺少认知。

邻居家的蓬蓬，从小就有一个成为篮球明星的梦，可随着年龄的增长，蓬蓬的身高并没有达到篮球运动员的标准要求。现实的条件逼迫他不得不放弃他的梦想。这时候，按照别人的设想，他会遗憾死、悔恨死。可这些遗憾有用吗？只是徒增烦恼罢了。

遇到这些事儿，很多人都会垂头丧气，甚至不敢再去碰触。但他并没有，在他潜意识中，只要能让他接触到篮球就很开心了。

不得不感叹热爱有时候真是一件神奇的事情，它怎么会有那么大的能量。之后，他虽然不能像篮球运动员一样走上赛场，但他并没有放弃研究篮球，也并没有因为身体的局限，就此打住了对篮球的向往。

上了大学之后，他主动参加了篮球社，成了篮球队的参谋，偶尔当他们的比赛教练。他也获得了篮球人生的某种平衡。

上帝关上一扇门的时候，总会打开一扇窗。求而不得不止于遗憾，某种程度上，是人生的另一种成全。

人生中的求而不得，不是为了遗憾，而是为了追求人生中的平衡美。就如有句话说“缺憾有时候也是一种美”，人生中的求而不得何尝不是呢？

世间没有永远不凋谢的花朵，人生也没有永远灿烂的风景。圆满是美，但遗憾也是一种美。与其感叹时间之快，不如尽可能地活好当下，把握手中的一切，不要让他们成为下一个遗憾。

我们每天都在人生的路上奔波，不断地努力，不在乎旅途中的艰辛，不在乎身心的疲惫；最后，不是为了拼命要一个结果，更重要的是留一个不后悔、不遗憾的过程。

求而不得未必就是遗憾，也是一种成全，无论你选择什么样的生活，你都可以活得漂亮，只要你努力，就能向自己的梦想无限靠近。

敬往事一杯茶，再爱也不回头 »

爱过就不后悔，放弃就不回头。这大概是所有人都渴望的状态。

我想，是否对自己当年没有去做的事情而后悔，取决于做选择时自己是自愿的还是迫不得已的。

就比如《倚天屠龙记》中的张无忌，最后在一众女孩中选了赵敏。其实，抛开那些女配不说，张无忌最终要在赵敏与周芷若二人之间作选择。

试想，如果张无忌是自愿选择了赵敏，日后多半会想：还好当初没有选周芷若……然后会有意识地把周芷若的形象各种丑化，以证明自己当初选择赵敏是多么正确。

如果张无忌当初是被迫选择赵敏的，则日后多半会如此感慨：当年要不是你强迫我，我现在估计会更好，周芷若真心爱我，贤良淑德，只是可怜她被灭绝老尼姑威胁……

好了，讲了这么多，人到底要怎么选才不会后悔呢？答案是无论如何，都要把自己的选择定义为自愿。

什么叫自愿的选择？张无忌在选媳妇儿时，在赵敏和周芷若之间犹豫不决。此时，张无忌若不想日后后悔，就要比较二人的优缺点，再问问自己的内心究竟喜欢谁。比如：我就是喜欢赵敏的聪明美丽、古灵精怪，她特别适合我这种略微闷骚的性格，虽然她是蒙古人，为名门正派不齿，但我也是明教中人且武功盖世……嗯！就是赵敏了！

说到底，不想后悔，就要强调“想清楚”以及“自身的”自愿，就是让自己为自己的选择负责。既然选了这条路就不要后悔，哪怕日后发现自己错了，再改正也未尝不可。

不管多少年，不管你想起时是成功是落魄，不管是得意或失意，只要记得当初是自己想清楚之后的决定，即使再重来一次，你还是会做出同样的选择。那就没得后悔了。

单位的某位后辈这样问我：“现在有两个男生追我，一个经济条件好、人品好，对我也好，但个子不高；另一个工作收入一般，但长得特别帅，是我喜欢的类型。我该选哪个呢？”

在找对象这件事情上，如果只有一个

人追求你，或者没人追求你，那都不算让人发愁。愁的是两个“旗鼓相当”的人一同追求你。有时候选人多了一个，就会让人发愁该选择谁。

为什么有的人能够毫不犹豫地作出决定，而有的人作个决定却如此之难呢？

我们来问几个问题，答案就会揭晓了：

“选第一个。”

“可是他没第二个长得帅！”

“那你就选第二个。”

“第二个没第一个有钱！”

“那你的意思是，最好找一个又有钱又长得帅的是吧？”

“是！”

看，其实你做不出选择，往往不是不知道自己要什么，而是想要的太多。既然这样，那我想问了：

“你为什么不继续找又有钱又长得帅的呢？”

“怕找不到，又错失了眼前的！”

看，纠结选择之人，不仅是因为自己想要的多，害怕的也多。他们内心有太多害怕，遇到问题时，他们想的不是解决问题，而是想怎样逃避。

就像眼前出现两条路，如果你选择走左边那条，你就永远不知道右边那条路上发生了什么；抑或是你选择了右边那条，那你就永远看不见左边路上的风景。

就像有些人，在婚姻中遇到了麻烦，过得不幸福。眼看前任的生活越过越好，就有些后悔当初没有选择跟前任结婚。可你怎么知道，你跟前任在一起一定会幸福呢?

人生总是要面对选择，即使是选择放弃和失败。

而对于那些迟迟作不出选择的人，自己可能并没有意识到，不作选择也是一种选择。因为你迟迟作不出选择，最后可能会让别人替你选择。

前段时间，我带的一位男实习生告诉我，本来他有两个选择对象：第一个漂亮，但性格不够温柔；第二个性格很好，但长相一般。因为自己一直在犹豫，结果那个漂亮的女生选择了别人。所以，他只剩下了一个选项，这下不用选了。

也许，那些迟迟作不出选择的人就在等别人为他作选择。因为这样，假使他日后过得不幸福，也大可以说：没办法，当初不是我选的。

其实，所有选择都没有错。就感情来说，当感情出现问题的原因主要有两个：

一是选错了人；

二是还没学会怎样跟对方相处。

如果是选错了人，自己跟对方毫无沟通的可能，那就大大方方地换掉，没有什么好纠结的；如果对方不错，只是你还没学会怎样跟对方相处，那就更简单了，慢慢磨合即可。

所以，重要的不是你选了什么，而是你对你的选择做了什么。既然选了，就不要后悔。

希望你可以朝九晚五，也可以浪迹天涯 »

这世界上有一种人，他们天生跟朝九晚五的生活格格不入，他们放荡不羁爱自由，却活得有模有样。世界上还有另一种人，他们不但可以朝九晚五地生活，还可以浪迹天涯，四海为家。比如我的好友，摄影师大川。

当大川的照片出现在互联网的各个角落时，雪山、洱海成了一众文艺青年的向往之地。盐沼、纳木错更是成了文艺青年心中的神圣之地。

大川特别渴望背一个双肩包，带上他家的猫，就这么孤独地流浪，就这么孤独地走四方。他渴望沾染一些江湖好爽，世界各地有朋友，人生得意须尽欢。

但世界一定比你想象的复杂，一场说走就走的旅行，不是简单地出发。因为这个世界上，从来都不缺心中有诗和远方的人，缺的是有能力且有行动力的人。

几乎所有人的口号都打得响亮，但真正能背起行囊在路上的又有几个？大多数人，都夭折在了起点。

这个世界上，有太多人不满足于朝九晚五的生活。他们给自己策划了无数场旅行，他们已经在脑海里过了无数次诗歌酒茶的日子。

可当他们真正踏入这条憧憬已久的江湖路时，才猛然发觉，江湖并不像自己想象中的那般快意恩仇。很多人的流浪，都败给了经济基础。

简单地说，你兜里的钞票，决定了你的远方究竟能有多远。

同事杜明决定辞职，我们一起反对，然而，谁都拗不过他那颗想去流浪的心。

杜明说，他太喜欢苍山洱海了，那种能洗刷心灵的蔚蓝，在他的心头一直萦绕了十几年。他说自己没什么能力，现在有能力了，希望能给自己的青春一个交代。

杜明终究还是去了他想去的南方。从哈尔滨到浙江，跨越了大半个中国的距离，也跨越了杜明十几年的青春。

刚到云南，杜明迫不及待地发条带定位的朋友圈。隔着几千公里，我们都能感受得到杜明的兴奋与满足。

朋友圈里的杜明，窝在酒吧和旅店明晃晃的灯光下，眯着眼睛正在小憩。周围都是抱着同一个目的游玩的文艺青年，杜明带着本子，随手画着画儿，写着诗……他说："我终于踏上了这片土地，写我想写的诗，去我想去的远方。"

当然，下面是一群点赞的吃瓜群众，那些评论几乎都是"我也想有一场说走就走的旅行，可是没有你那般的勇气。"

三个月后，我突然接到杜明的电话："姐姐，给我打点儿钱吧，我要买张票回去。”

我带着满心的疑惑，在机场看见了衣衫褴褛的杜明。杜明一脸胡茬，头发卷曲，人变得又黑又瘦，整个人除了千疮百孔，我想不出第二个适合的词。

饭桌上，杜明狼吞虎咽地吃着眼前的菜，等他打饱嗝的间隙，我问他到底怎么了，是经历了什么才混到这样的地步？

杜明灌了一大口啤酒，慢慢地说：“当初刚到云南的时候，我的确特别满足，也特别幸福，我觉得我这么多年的理想终于实现了。白天，我观察着苍山洱海边的人们，晚上就跟一帮文艺青年喝酒，还跟流浪歌手唱歌。后来，我去了凤凰古城，在古城，我这两年的积蓄就花得差不多了。说实话，我没什么挣钱的渠道。不会唱歌，画也画不好，要饭吧，又拉不下脸。后来从凤凰古城去了洛阳，打算从洛阳回

北京，但是我在洛阳被人打了，是个醉鬼。没办法，我混得一穷二白，只好回来了。”

我一撇嘴，问道：“合着你的诗和远方不要了？你的浪迹天涯就这么结束了？”

杜明也一咧嘴：“不要了。”

确实，诗和远方是每个活在体制内的人都有的幻想。他们在生活中承受着无趣和压力，他们渴望来一场说走就走的旅行。在这种情况下，很多人都迷失了方向，他们不关心自己离开了朝九晚五的生活，能不能面对未来的颠沛流离；不关心自己去了远方，有没有生存下去的能力。

远方不是你想去，想去就能去的。

大家都羡慕大川离开了朝九晚五的生活，羡慕他可以浪迹天涯、四海为家。但大川之前做了十几年的酒吧夜场的驻唱歌手，还是个优秀的摄影家。

他可以一边流浪一边卖唱，还可以卖照片，还可以卖他写自己和写别人的故事。他可以靠自己的能力，在我们羡慕的远方生存下去。

大川有江湖气，有义气，有一群可以肝胆相照的朋友，他可以一边浪迹天涯，一边过得潇洒，但你不行。

当你决定脚步要跟上远方时，先掂量一下自己的钱包，有没有支撑你浪迹天涯的财力；再掂量一下有没有让你无所畏惧的技能。毕竟我们不能天南海北，四海为家。

当你的能力足够支撑你的梦想时，你就可以成为朋友圈里被艳羡的对象，你就可以实现你的诗和远方。

朝九晚五不难，说走就走也不难，但既有能力朝九晚五，又有能力浪迹天涯的，却不过寥寥数人。

大川的生活的确令人羡慕，但有几人看到了大川的努力、大川的才华和大川的死磕到底。

借用大川的一句话：希望你可以朝九晚五，也可以浪迹天涯。